高职高专装配式混凝土建筑系列教材

U0265735

装配式建筑混凝土构件生产

肖明和　苏　洁　主　编

张　蓓　张晓云　曲大林　王启玲　副主编

中国建筑工业出版社

图书在版编目(CIP)数据

装配式建筑混凝土构件生产/肖明和，苏洁主编. —北京：中国建筑工业出版社，2018.2（2022.7 重印）
高职高专装配式混凝土建筑系列教材
ISBN 978-7-112-21758-8

Ⅰ.①装… Ⅱ.①肖…②苏… Ⅲ.①装配式混凝土结构-结构构件-高等职业教育-教材 Ⅳ.①TU37

中国版本图书馆 CIP 数据核字(2018)第 004662 号

本书根据高职高专院校土建类专业的人才培养目标、相关专业教学基本要求、装配式建筑混凝土构件生产课程的教学特点和要求，结合国家大力发展装配式建筑的政策导向及住房和城乡建设部《"十三五"装配式建筑行动方案》等文件精神，并按照国家颁布的有关新规范、新标准编写而成。

本书共分 6 部分，主要内容包括：绪论、预制混凝土构件原料计算、模具准备与安装、钢筋及预埋件施工、混凝土制作与浇筑、构件蒸养与起板入库。本书结合高等职业教育的特点，立足基本理论的阐述，注重实践技能的培养，按照装配式建筑混凝土构件生产的全工艺流程组织教材内容的编写，同时嵌入混凝土构件软件实训相应模块，把"案例教学法"和"做中学、做中教"的思想贯穿于整个教材的编写过程中，具有实用性、系统性和先进性的特色。

本书可作为高职高专工程造价、建设工程管理、建筑工程技术及相关专业的教学用书，也可作为本科院校、中职、培训机构及土建类工程技术人员的参考用书。

为更好地支持相应课程的教学，我们向采用本书作为教材的教师提供教学课件，有需要者可与出版社联系，邮箱 jckj@cabp.com.cn，电话：01058337285，建工书院 http://edu.cabplink.com。

责任编辑：高延伟　吴越恺
责任设计：李志立
责任校对：李欣慰

高职高专装配式混凝土建筑系列教材
装配式建筑混凝土构件生产
肖明和　苏　洁　主　编
张　蓓　张晓云　曲大林　王启玲　副主编

*

中国建筑工业出版社出版、发行(北京海淀三里河路 9 号)
各地新华书店、建筑书店经销
北京科地亚盟排版公司制版
河北鹏润印刷有限公司印刷

*

开本：787×1092 毫米　1/16　印张：16¾　字数：415 千字
2018 年 3 月第一版　2022 年 7 月第八次印刷
定价：37.00 元（赠教师课件）
ISBN 978-7-112-21758-8
(31537)

《装配式建筑混凝土构件生产》编审委员会

前　言

随着我国职业教育事业快速发展，体系建设稳步推进，国家对职业教育越来越重视，并先后发布了《国务院关于加快发展现代职业教育的决定》（国发〔2014〕19号）和《教育部关于学习贯彻习近平总书记重要指示和全国职业教育工作会议精神的通知》（教职成〔2014〕6号）等文件。同时，随着建筑业的转型升级，必然要求"产业转型、人才先行"，国家陆续印发了《关于大力发展装配式建筑的指导意见》（国办发〔2016〕71号）、住房和城乡建设部《建筑业发展"十三五"规划》（2016年）和住房和城乡建设部《"十三五"装配式建筑行动方案》（建科〔2017〕77号文）等文件，文件中提及要加快培养与装配式建筑发展相适应的技术和管理人才，包括行业管理人才、企业领军人才、专业技术人员、经营管理人员和产业工人队伍。因此，为适应建筑职业教育新形式的需求，本书编写组深入企业一线，结合企业需求及装配式建筑发展趋势，重新调整了工程造价和建筑工程技术等专业的人才培养定位，使岗位标准与培养目标、生产过程与教学过程、工作内容与教学项目对接，实现"近距离顶岗、零距离上岗"的培养目标。

本书根据高职高专院校土建类专业的人才培养目标、教学基本要求、装配式建筑混凝土构件生产课程的教学特点和要求，结合国家装配式建筑品牌专业群建设，并以15G365-1《预制混凝土剪力墙外墙板》、15G365-2《预制混凝土剪力墙内墙板》、15G366-1《桁架钢筋混凝土叠合板（60mm厚底板）》、15G367-1《预制钢筋混凝土板式楼梯》、15G368-1《预制钢筋混凝土阳台板、空调板及女儿墙》等为主要依据编写而成，理论联系实际，重点突出案例教学及新之筑装配式建筑软件应用，在每个案例的"任务实施"部分添加了二维码（任务实施三维视频），以提高学生的实践应用能力，具有实用性、系统性和先进性的特色。

本书由济南工程职业技术学院肖明和，苏洁主编，张蓓、张晓云、曲大林、王启玲任副主编，辛秀梅、张营及山东新之筑信息科技有限公司周忠忍参与编写。根据不同专业需求，本课程建议安排48～64学时。此外，结合装配式建筑工程管理类、施工类课程的实践性教学特点，针对培养学生实践技能的要求，编写组另外组织编写了与本书相配套的《综合实训指导手册》同步出版，该书重点突出实操技能培养，以真实的项目案例贯穿始终，结合虚拟仿真软件模拟实训，以提高学生的实际应用能力，与本书相辅相成，有助于学生更好地掌握装配式建筑施工的实践技能。本书由山东新之筑信息科技有限公司提供软件技术支持，并对本书提出很多建设性的宝贵意见，在此深表感谢。

本书在编写过程中参考了国内外同类教材和相关的资料，已在参考文件中注明，在此一并向原作者表示感谢！并对为本书付出辛勤劳动的编辑同志们及新之筑公司技术人员的大力支持表示衷心的感谢！由于编者水平有限，教材中难免有不足之处，敬请专家、读者批评指正。联系E-mail：1159325168@qq.com。

目　　录

绪 论

0.1 装配式混凝土构件生产现状与发展趋势

所谓装配式建筑，是指把传统建造方式中的大量现场作业工作转移到工厂进行，在工厂加工制作好建筑用部品部件，如楼板、墙板、楼梯、阳台等，然后运输到建筑施工现场，通过可靠的连接方式实现主体结构、围护结构、设备管线、装饰装修一体化的建筑。装配式建筑主要包括装配式混凝土结构、装配式钢结构及现代木结构等建筑。装配式建筑具备"五化"基本特征，即标准化设计、工厂化制作、装配化施工、一体化装修、信息化管理，属于现代工业化生产方式范畴。目前装配式建筑已发展为国家战略，因此，大力发展装配式建筑，是落实中央城市工作会议精神的战略举措，也是推进建筑产业转型升级发展的重要方式。

2016年2月6日，国务院印发《关于进一步加强城市规划建设管理工作的若干意见》中提出："发展新型建造方式，大力推广装配式建筑，加大政策支持力度，力争用10年左右时间，使装配式建筑占新建建筑的比例达到30%"。随着相关政策标准的不断完善，作为建筑产业现代化重要载体的装配式建筑将进入新的大发展时期。住房和城乡建设部2017年3月29日印发的《"十三五"装配式建筑行动方案》中特别提到"培育产业队伍"，包括三项核心内容：一是加快培养与装配式建筑发展相适应的技术和管理人才，包括行业管理人才、企业领军人才、专业技术人员、经营管理人员和产业工人队伍；二是开展装配式建筑工人技能评价，引导装配式建筑相关企业培养自有专业人才队伍，促进建筑业农民工转化为技术工人，促进建筑劳务企业转型创新发展，建设专业化的装配式建筑技术工人队伍；三是依托相关的院校、骨干企业、职业培训机构和公共实训基地，设置装配式建筑相关课程，建立若干装配式建筑人才教育培训基地，在建筑行业相关人才培养和继续教育中增加装配式建筑相关内容。推动装配式建筑企业开展企校合作，创新人才培养模式。因此，加快推进装配式建筑装配化施工方向人才培养、培训步伐显得尤为重要。

0.1.1 装配式混凝土构件生产现状

装配式混凝土结构的主要特点就是构件的工厂化生产。对于目前国内各装配式混凝土结构试点项目所用的主要构件如预制混凝土剪力墙外墙板、内墙板，桁架钢筋混凝土叠合板，预制钢筋混凝土板式楼梯，预制钢筋混凝土阳台板、空调板及女儿墙等构件通常都是在预制构件厂生产，待强度符合规定要求后再运输至施工现场进行装配施工。近年来我国通过引进和自主创新建设了多处具有机械化、自动化预制混凝土构件生产线和成套设备的大型预制混凝土构件生产厂，极大地促进了我国装配式建筑的发展。下面简要介绍几种工厂化生产线及生产企业概况。

1. 平模生产线

平模生产线工位流程示意图如图 0-1 所示，主要是生产桁架钢筋混凝土叠合板和预制混凝土剪力墙内、外墙板。

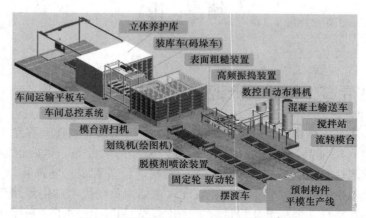

图 0-1　预制构件平模生产线工位流程图

（1）进口生产线

进口生产线自动化程度高，主要表现在模具的程序控制机械手自动出库和自动摆放，如图 0-2 所示。稳定和准确的程序布料也是进口生产线的一大优势，当然，还需要合适的混凝土配合比及坍落度与之搭配。

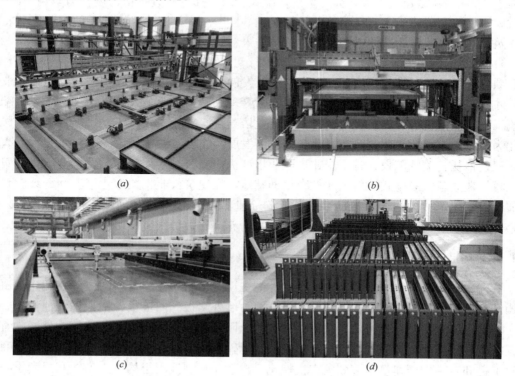

图 0-2　进口平模生产线（一）

（a）引进的平模生产线；（b）模台清扫机；（c）自动划线机（按模具摆放位置，在底模划线）；（d）全自动模具摆放机

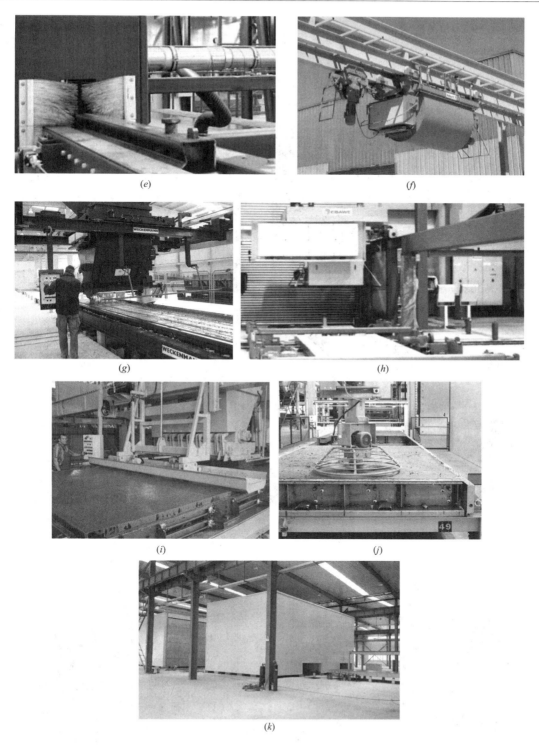

图 0-2 进口平模生产线（二）

（e）全自动模具清洁机；（f）混凝土送料系统（将混凝土从搅拌站运送至布料机）；（g）布料机；（h）振动台；
（i）振动赶平机；（j）自动收光机（将混凝土表面收光）；（k）构件养护库

（2）国内生产线

国内投入生产的一些平模生产线，各构件生产企业根据实际需要对生产线的工位流程做了不同程度的调整和取舍。

1）由于国内设计的桁架钢筋混凝土叠合板大多数都要甩出钢筋，模具需要开槽，所以无法实现机械手自动摆放模具，如图 0-3～图 0-6 所示。

图 0-3　国内生产的平模生产线　　　　　图 0-4　翻板起模机

 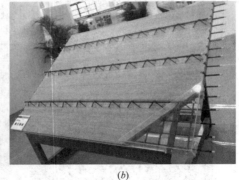

(a)　　　　　　　　　　　　　　(b)

图 0-5　叠合板（带有甩筋）

(a) 支模绑扎钢筋；(b) 成品

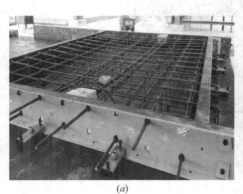 

(a)　　　　　　　　　　　　　　(b)

图 0-6　剪力墙（带有甩筋）

(a) 支模绑扎钢筋；(b) 成品

2）由于预制墙板需要预埋临时固定连接件及施工用预埋件、预留孔等，混凝土表面收光只能手工完成，如图 0-7 所示。

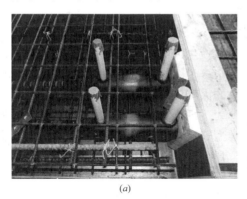

(a)   (b)

图 0-7　预制墙板中预埋灌浆套筒及预留孔

(a) 预埋灌浆套筒；(b) 成品

3）平模生产最大的优越性在于夹心保温层的施工和水电线管盒可以在布设钢筋时一并布设。外墙板夹心保温层的直接预埋，完全取消了外墙外保温和薄抹灰带来的既繁重又不安全的体力工作和外脚手架，同时解决了外墙防火隐患；水电线管盒在墙板中的预埋，解决了传统做法水电线管盒安装必须凿墙开槽开洞的弊端，而且极大地减少了建筑垃圾，如图 0-8～图 0-10 所示。

图 0-8　铺设保温层安装拉结件，预设钢筋套筒和吊具

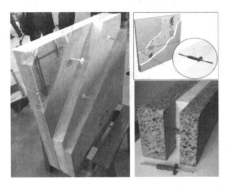

图 0-9　夹心三明治复合保温外墙板构造示意图　　　图 0-10　预埋电线条管盒

4）成熟的构件生产企业都在生产线的末端增加了露骨料粗糙面的冲洗工位。

2. 成组立模生产线

立模生产线主要以成组立模和配套设备组成，生产各种以轻质混凝土、纤维混凝土、石膏等为原料，用于室内填充墙、隔断墙的实心和空心的定形条板。目前，我国具有成组立模生产线生产各种定型条板的专业厂家很多，图 0-11 所示为山东万斯达集团生产的大型纤维石膏空心大板。

图 0-11 立模生产线生产的大型纤维石膏空心大板

纤维石膏空心大板是在工厂制作的新型轻质玻璃纤维石膏空心标准大板（长 12000mm×高 3000mm×厚 120mm），可根据设计图纸的板材切割尺寸在工厂将标准大板切割成房屋组件后运至施工现场进行快速拼装，组成各种建筑。因墙体内有芯孔，可在墙内安装管线和管道，芯孔内放入钢筋浇筑混凝土后可作为承重墙使用。同时墙体表面光滑洁净，不用抹灰，便于室内装修，加快施工速度，减少施工占地，基本实现建筑墙体的工厂化生产。

轻质内墙具有良好的隔声、节能等性能，适用于抗震烈度不大于 8 度、设计基本地震加速度不大于 0～2g 的地区，可用于多种建筑结构形式，替代传统施工工艺的内墙，其工程应用如图 0-12 所示。

图 0-12 纤维石膏空心大板的工程应用案例

3. 预应力混凝土构件生产线

预应力混凝土构件生产线主要有能够生产抵抗裂纹能力强的预应力混凝土叠合楼板、

预应力带肋混凝土叠合楼板（PK 板）生产线。还有生产预应力混凝土空心板和双 T 板的生产线，如图 0-13～图 0-15 所示。

图 0-13　长线、先张法、有粘结预应力叠合楼板生产线

图 0-14　预应力带肋混凝土叠合楼板（PK 板）生产线

图 0-15　预应力混凝土双 T 板生产线

预应力带肋混凝土叠合楼板（PK 板）具有以下优点：

1）国际上最薄、最轻的叠合板之一：3cm 厚，自重 110kg/m²。

2）用钢量最省：由于采用高强预应力钢丝，比其他叠合板用钢量节省 60%。

3）承载能力最强：破坏性试验承载力可达 1.1t/m²，支撑间距可达 3.3m，减少支撑数量。

4）抗裂性能好：由于采用了预应力极大地提高了混凝土的抗裂性能。

5）新老混凝土结合好：由于采用了 T 型肋，现浇混凝土形成倒梯形，新老混凝土互相咬合，新混凝土流到孔中又形成销栓作用。

6）可形成双向板：在侧孔中横穿钢筋后，避免了传统叠合板只能做单向板的弊病，且预埋管线方便，如图 0-16、图 0-17 所示。

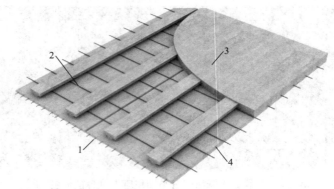

图 0-16　预应力带肋混凝土叠合楼板

1—纵向预应力钢筋；2—横向穿孔钢筋；3—后浇层；4—PK 叠合板的预制底板

图 0-17　预应力带肋混凝土叠合楼板安装实例

4. 国内部分生产企业简介

（1）万科集团

万科企业股份有限公司（简称万科或万科集团）从 1999 年开始成立住宅研究院，2004 年正式启动住宅产业化研究，在东莞松山湖建立了万科建筑研究基地，技术研发方面先后投入数亿元，现在万科在深圳、北京、上海、南京用装配式施工建设的 PC 住宅已经接近 1000 万平方米，成为国内引领产业化发展的龙头企业。

深圳万科目前的装配式结构住宅主要有预制外墙挂板和预制装配式剪力墙两种体系，其自主研发的预制装配式剪力墙结构体系也经历了从单纯的"预制纵向外剪力墙"向"预制横向剪力墙和内剪力墙"的过程，建筑的装配率和预制率不断提高，目前技术已经成熟，其关键技术为"钢筋套筒灌浆连接"、"夹心三明治保温外墙"、"构件装饰一体化"等技术。图 0-18 为深圳万科在深圳龙悦居 22 万平方米装配式结构保障房中采用自行生产的 PC 外墙挂板；图 0-19 为北京万科生产的灌浆套筒剪力墙。

（2）远大住工

远大住宅工业集团股份有限公司（简称远大住工）自 1999 年开始，从整体卫浴开始研究，逐渐向装配式别墅房屋和高层住宅发展，远大的技术体系特点为剪力墙结构全部现浇，外墙挂板、叠合楼板、内隔墙全部预制，已完成产业化项目的建筑面积达 200 万平方米以上。构件采用预制构件流水线生产，生产效率高、成本低，如图 0-20、图 0-21 所示。

图 0-18　深圳万科生产的 PC 外墙挂板

图 0-19　北京万科生产的灌浆套筒剪力墙

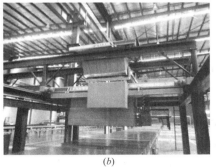

(a)　　　　　　　　　　　　　　(b)

(c)　　　　　　　　　　　　　　(d)

图 0-20　远大住工 PC 生产线

(a) 钢轨轮流水线；(b) 振动台；(c) 翻转台；(d) 刮平机

图 0-21　远大住工预制构件
（a）远大住工保障房项目；（b）外墙挂板；（c）叠合梁；（d）叠合楼板；（e）预制楼梯；（f）保温墙

（3）中南建设

中南建设集团有限公司（简称中南建设）自 2006 年从澳大利亚引进 NPC 体系，该体系的特点为外墙、剪力墙、核心筒及叠合楼板均采用预制。中南建设已完成装配式剪力墙结构住宅达 50 万平方米以上，预制率较高，该公司核心技术为波纹管预留孔浆锚钢筋间接搭接技术，如图 0-22 所示为中南建设集团沈阳预制构件厂全自动流水生产线。

（4）三一重工

三一重工股份有限公司（简称三一重工）作为混凝土行业的领军企业，利用世界级工厂的先进技术与设备，打造顶级的 PC 成套设备，已成为行业内唯一可提供 PC 成套设备解决方案的企业，可为客户提供售前规划咨询、构件设计、构件生产安装培训等服务。由于 PC 流水线是生产混凝土预制件的核心，三一 PC 自动化流水生产线采用环形生产方式，以每台设备加工的标准化、每个生产工位的专业化，将钢筋、混凝土、砂石等原材料加工成高质量、高环保的混凝土预制件。生产线包含模台清理、画线、装边模等十多道生产工序，可选用自动和手动两种控制方式进行操作，如图 0-23 所示。

图 0-22 中南建设集团沈阳预制构件厂全自动流水生产线

（5）合肥宝业西伟德

宝业西伟德混凝土预制件（合肥）有限公司（简称合肥宝业西伟德）成立于 2007 年，同年，合肥经开区引进德国技术和自动化流水生产线，2011 年与国家住宅产业化示范基地企业绍兴宝业合资参股，生产桁架钢筋双面预制叠合式剪力墙和桁架钢筋叠合楼板，已完成近 50 万平方米装配式结构住宅、车库，如图 0-24、图 0-25 所示。技术体系特点：装配现浇后的房屋整体性好，生产过程自动化程度高、安装过程效率高。

图 0-23 三一生产线

（6）杭萧钢构

杭萧钢构股份有限公司（简称杭萧钢构）专业从事钢结构住宅产业化。在楼承板、内外墙板、梁柱节点、结构体系、构件形式、钢结构住宅、防腐防火和施工工法等方面先后获得 200 余项国家专利成果。其中，钢筋桁架楼承板是将楼板中的钢筋在工厂加工成钢筋桁架，并将钢筋桁架与镀锌压型钢板焊接成一体的组合模板。在施工阶段，钢筋桁架楼承板可承受施工荷载，直接铺设到梁上，进行简单的钢筋工程便可浇筑混凝土，如图 0-26 所示。

（7）山东万斯达

山东万斯达建筑科技股份有限公司（简称山东万斯达）是我国最早从事装配式建筑体

图 0-24　叠合式剪力墙　　　　　　　　　图 0-25　桁架叠合板

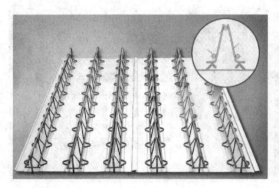
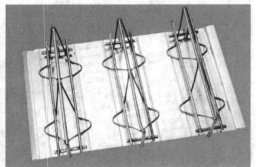

图 0-26　桁架楼承板

系研究、产品开发、设计、制造、施工及产业化人才培养的高新技术企业之一，是住房和城乡建设部"国家住宅产业化基地"。已经在章丘、济阳、长清、高新区建立四家构件生产厂，年产能可满足 300 万平方米建筑的需求。现已完成济南工程职业技术学院 3 号实训楼、济南西客站片区安置三区 B3 地块小学、济水上苑 17 号住宅楼等省级建筑产业化项目（如图 0-27、图 0-28 所示），西蒋峪 B 地块幼儿园、西蒋峪小学、港新园公租房等正在建设当中。山东万斯达的主要产品包括预制混凝土叠合板、预制混凝土墙板、预制混凝土梁柱、预制混凝土楼梯及预制混凝土阳台，如图 0-29 所示。

图 0-27　济南西城·济水上苑 17 号楼装配　　图 0-28　济南工程职业技术学院 3 号实训楼钢框
　　　　整体式剪力墙结构　　　　　　　　　　　　架-外挂保温剪力墙板-PK 叠合板

图 0-29　山东万斯达生产的产品

(a) PK 叠合楼板；(b) PK 保温外墙挂板；(c) 预制梁；(d) PK 剪力墙

0.1.2　装配式混凝土构件发展趋势

到目前为止，我国建筑业一直以现浇施工为主，预制装配式建筑案例相比发达国家较少。为了满足装配式建筑发展的需求，国内很多大型企业投入重金进行技术、产品的引进，在消化吸收国外先进经验的同时，加强自主研发创新，加强人才培养，并得到了各级政府建设行政主管部门的高度重视。同时，各级政府主管部门协调大专院校和科研机构、设计单位、生产施工企业之间展开合作，共同进行技术和产品研发、人才培养，相关的产品标准和技术标准逐步建立，为装配式建筑的发展保驾护航。2014 年以来，国家陆续发布了《装配式混凝土结构技术规程》JGJ 1—2014、《工业化建筑评价标准》GB/T 501129—2015、《装配式混凝土结构技术导则》(2015)、《装配式混凝土结构连接节点构造》G310-1～2、《预制混凝土剪力墙外墙板》15G365-1、《预制混凝土剪力墙内墙板》15G365-2、《桁架钢筋混凝土叠合板（60mm 厚底板）》15G366-1、《预制钢筋混凝土板式楼梯》15G367-1、《预制钢筋混凝土阳台板、空调板及女儿墙》15G368-1 等国家标准和相关图集，为我国装配式混凝土建筑的设计、生产、施工、验收提供了技术依据。

2016 年 11 月，国务院办公厅印发了《关于建立统一的绿色产品标准、认证、标识体系的意见》，2017 年 3 月 23 日住房和城乡建设部关于印发《"十三五"装配式建筑行动方案》、《装配式建筑示范城市管理办法》、《装配式建筑产业基地管理办法》等文件，旨在健全、推进 PC 产业走向标准化、工业化、数字化。

经过十多年的积累和发展，国内已经涌现了一批专门从事装配式建筑研究的企业，如万科企业股份有限公司（简称"万科"）、中国新型房屋集团有限公司（简称"中新房"）、中国建筑工程总公司（简称"中国建筑"）、远大住宅工业集团股份有限公司（简称"远大住工"）、中国民生投资集团（简称"中民投"）等，都是基于自身经验和技术优势，往三个方面发展：一是技术输出，依靠技术服务能力与政府、大型房地产企业合作，建设现代 PC 构件工厂，如沈阳卫德研究院；二是与开发商合作推出定型产品，主要是低层建筑，形成标准化、系列化的房屋产品，如 2～3 层的别墅产品、私人自住楼房，在全国建立连锁制造和营销机构，主要面对先富阶层和新农村建设的自建住房市场，如中新房；三是为客户提供定制生产服务，如企业办公楼、宿舍、厂房及市政工程等预制构件产品接单生产。

0.2 预制构件厂总体规划与工艺

预制构件厂通常采用固定式工厂。生产厂区应充分考虑占地、材料及构件运输、水源、电源、居民区、环境保护等各项因素，合理规划厂内生产区、材料存放区、成品堆放区、工作区、生活区等，以满足标准化管理要求。

0.2.1 预制构件厂总体规划

1. 规划原则

（1）厂址选择原则

1）厂址选择应综合考虑工厂的服务区域、地理位置、水文地质、气象条件、交通条件、土地利用现状、基础设施状况、运输距离等因素，经多种方案比选后确定。

2）应有满足生产所需的原材料、燃料来源。

3）应有满足生产所需的水源和电源。水源和电源与厂址之间的管线连接应尽量缩短。

4）应有便利和经济的交通运输条件，与厂外公路的连接应便捷。

5）桥涵、隧道、车辆、码头等外部运输条件及运输方式，应符合运输大件或超大件设备的要求。

6）厂址应远离居住区、学校、医院、风景游览区和自然保护区等，并符合相关文件及技术要求，且应位于全年最大频率风向的下风侧。

（2）总平面设计原则

1）工厂的总平面设计应根据厂址所在地区的自然条件，结合生产、运输、环境保护、职业卫生与劳动安全、职工生活及电力、通信、热力、给水排水、防洪和排涝等设施，经多种方案综合比较后确定。

2）在符合生产流程、操作要求和使用功能的前提下，建筑物、构筑物等设施应采用联合、集中、多层布置；应按工厂生产规模和功能分区，合理地确定通道宽度；厂区功能分区及建筑物、构筑物的外形宜规整。

3）生产主要功能区域包括原材料储存、混凝土配料及搅拌、钢筋加工、构件生产、构件堆放和试验检测等，在总平面设计上，应做到合理衔接并符合生产流程要求。

4）应以构件生产车间等主要设施为主进行布置；构件流水线生产车间宜条形布置。

5）应根据工厂生产规模布置相适应的构件成品堆场。

6）生产附属设施和生活服务设施应根据社会化服务原则统筹考虑。

7）变电所及公用动力设施的布置，宜位于负荷中心。

8）建筑物、构筑物之间及其与铁路、道路之间的防火间距及消防通道的设置，应符合《建筑设计防火规范》GB 50016—2014等有关的规定。

9）原材料物流的出入口及接收、贮存、转运、使用场所等应与办公和生活服务设施分离，易产生污染的设施宜设在办公区和生活区的常年主导风向下风向。

10）人流和物流的出入口设置应符合城市交通有关要求，实现人流和物流分离，避免运输货流与人流交叉；应方便原材料、产品运输车进出；尽量减少中间运输环节，保证物流顺畅、路径短捷、不折返、不交叉。

11）应结合当地气象条件，使建筑物具有良好的朝向、采光和自然通风条件。

2. 主要生产区域建设要求

预制构件厂设计的核心内容之一就是厂内设施布置，即合理选择厂内设施（如混凝土搅拌、钢筋加工、构件制作、构件存放等生产设施及试验室、配电室、生活区、办公室等辅助设施）的合理位置及关联方式，使得各种物资资源以最高效率组合为服务产品。

（1）原材料储存

1）砂、石子不得露天堆放，其堆场应为硬质地面且有排水措施。

2）粉状物料采用筒仓储存形式，由专用散装车送达。

3）外加剂储存于具有耐腐蚀和防沉淀功能的箱体内。

4）钢筋及配套部件应分别设置专用室内场地或仓库进行存放，场地应为硬质地坪且设有相应排水和防潮措施。

5）粉状物料必须选用密闭输送设备；砂石输送选用非密闭输送设备时，应装有防尘罩。输送设备应有维修平台，并带有安全防护栏。

6）筒仓内壁应光滑且设有破拱装置，仓底的最小倾角应大于50°，不得有滞料的死角区。

7）筒仓顶部应设透气装置和自动收尘装置，且性能可靠、清理方便。

8）水泥采用散装船运输时，宜设置水泥中间储库和输送系统。

（2）混凝土配料及搅拌

1）称量设备必须满足各种原材料所要求的称量精度，应符合表0-1的要求。

原材料的称量精度　　　　　　　　　　　　　　　　　　表 0-1

原材料名称	称量精度
水泥、掺合料、水、外加剂	±1%
粗、细骨料	±2%

2）称量设备应设置自动计量系统，且与搅拌机配置相适应。

3）对于粉状物料，在称量工艺系统中，各设备连接部分予以密封，不能实现密封的亦应采取有效的收尘措施。

4）混凝土搅拌机应符合《混凝土搅拌机》GB/T 9142—2000中的相关规定。

5）混凝土搅拌机的类型和产能必须满足构件生产对混凝土拌合物的数量、质量及种类要求。

6）混凝土搅拌完毕，应及时通过混凝土贮料输送设备运送至构件生产车间。

7）混凝土贮料输送设备应设防泄漏措施，对输送线路周边设置安全防护措施。

（3）钢筋加工

1）应在室内车间进行生产；应在车间内设置起重设备。

2）车间内各加工设备的加工能力应满足混凝土构件产能的需求。

3）车间工艺布置时，尽量避免材料的往返、交叉运输。

4）车间内应当考虑设备检修场地、运输通道和足够数量的中转堆场。

5）车间一般可布置成单跨或双跨，单跨跨度不宜小于 12m。

（4）构件生产

1）应根据构件产品选择机组流水法、流水传送法和固定台座法等生产组织方式，确定全部加工工序，完成各工序的工艺方法。

2）构件成型车间内不宜布置辅助车间生产线。

3）车间内应设置起重设备，吊钩起吊高度宜大于 8m。

4）车间内应设专用人行通道。

5）采用流水传送法生产工艺，车间跨度一般不宜小于 24m，长度宜大于 120m。

6）构件养护宜采用加热养护，应根据构件生产工艺合理选择养护池、隧道式养护窑、立式养护窑、养护罩等形式。

7）应根据混凝土拌合物特性、构件特点，合理确定振动台振动、附着式振动、插入式振捣器等方式，使混凝土获得良好的密实效果。

8）墙板生产线宜设置平台顶升装置，用于构件垂直吊运。

9）采用流水传送法生产时，应根据生产各种产品工艺上差异、混凝土浇捣前检验和整改过程等因素，宜在流水线上设置工序间的中转工位。

（5）构件堆放

1）应根据生产构件产品种类及规格，确定起重设备的起重吨位和起升高度，合理选用起重设备。

2）堆场面积应根据构件产量、平均堆放日期、运输条件、产品种类、堆放形式、通道系数等因素确定，其中 5% 的堆放面积宜作为废品堆放场地及构件检验、试压的场地。

3）堆场产品堆存周期应根据建筑工程施工进度和工厂加工进度确定，一般可按工厂 30～50 天设计产能的产品数量来考虑。

4）堆场地面应依据产品种类、堆放形式等因素进行硬化处理，满足承载能力，不得产生严重沉降和变形。

（6）试验室

1）室内要求宽敞，便于操作，采光良好。室内层高应满足最高设备的安装和使用。

2）室内应设有给水排水管道，电气设备必须接地。

3）混凝土室应考虑冲洗产生的废水和废渣排出。

4）试验设备四周的通道宽度不小于 1m，操作面应留有足够的操作空间。

5）养护室应保持恒温、恒湿，满足《普通混凝土力学性能试验方法标准》GB

50081—2002 的要求。

PC 构件生产厂几种典型布置形式如图 0-30～图 0-32 所示。

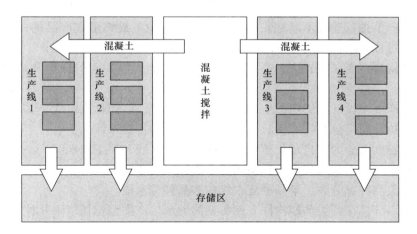

图 0-30　构件生产厂典型布置形式（一）

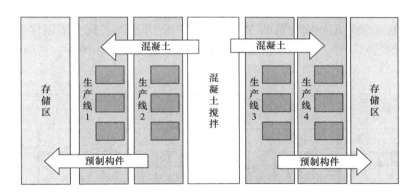

图 0-31　构件生产厂典型布置形式（二）

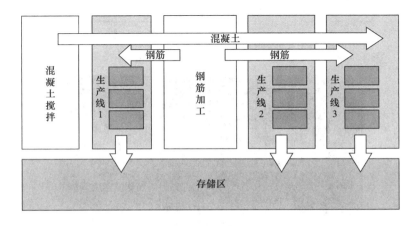

图 0-32　构件生产厂典型布置形式（三）

0.2.2　预制构件生产工艺布置

流水生产组织是大批量生产的典型组织形式。在流水生产组织中，劳动对象按制订的工艺路线及生产节拍，连续不断地、顺序通过各个工位，最终形成产品的一种组织方式。其特征：工艺过程封闭，各工序时间基本相等或成简单的倍数关系，生产节奏性强，过程连续性好；其优势：能采用先进、高效的技术装备，能提高工人的操作熟练程度和效率，缩短生产周期。

按流水生产要求设计和组织的生产线称为流水生产线，简称流水线，其分类如下：

按生产节拍性质可分为：强制节拍流水线和自由节拍流水线。

按自动化程度可分为：自动化流水线、机械化流水线和手工流水线。

按加工对象移动方式可分为：移动式流水线和固定式流水线。

按加工对象品种可分为：单品种流水线和多品种流水线。

结合以上划分，在各类预制构件方面典型的流水生产类型包括以下几种：

（1）固定模台法

传统预制构件多采用固定模台法，固定模台分为平模和成组立模等。

1）平模

固定模台法通常采用平面浇筑的方法，如图 0-33 所示，它具有适用性好、管理简单、设备成本较低的特点，但难以实现机械化，人工消耗量较多，如图 0-34 所示。

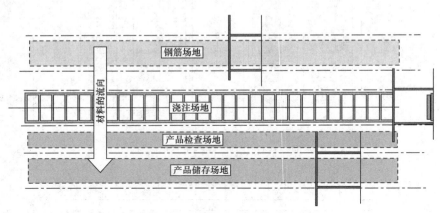

图 0-33　固定模台平面浇筑工艺方法

图 0-34　固定模台法工厂实景

2）成组立模

成组立模是一种立式的固定模台，也称电池组立模，通常用于内墙板构件的生产，具有节省空间、养护效果好、预制构件表面平整等许多优点；缺点是受制于构件形状，通用性不强，如图0-35～图0-37所示。

图0-35　成组立模法设备　　　　　　图0-36　成组立模的内部构造

图0-37　成组立模生产预制楼梯

3）固定台模

固定台模主要生产在流水线上无法制作的大体积异形构件，如带飘窗的外墙板、楼梯、梁等，如图0-38～图0-41所示。

图0-38　固定台模制作的带飘窗的外墙板

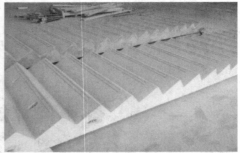

图 0-39　固定台模制作楼梯

图 0-40　固定台模制作梁

图 0-41　固定台模制作阳台

（2）流动模台法

目前，大多数 PC 构件生产线采用流动模台法，如图 0-42、图 0-43 所示。该方式为多品种、柔性节拍、移动式自动化生产线。

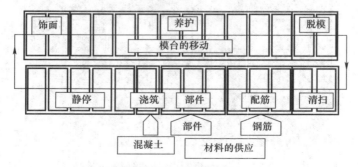

图 0-42　流动模台法

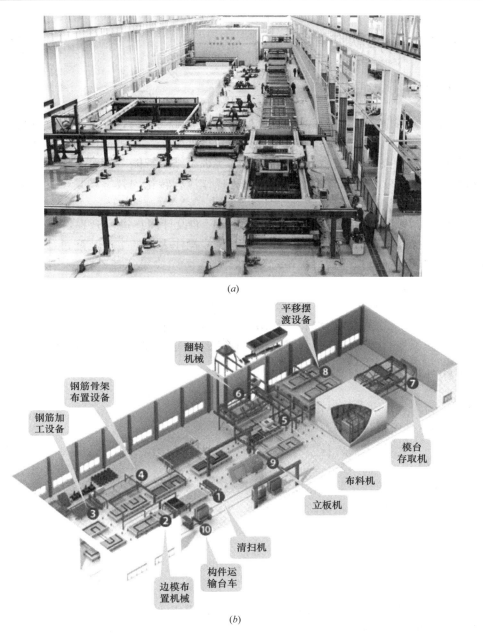

(a)

(b)

图 0-43　流动模台法设备布置示意图

　　流动模台法中常用的主要设备包括混凝土空中运输车、混凝土输送平车、桥式起重机、布料机、振动台、辊道输送线、平移摆渡车、模台存取机、蒸养窑、构件运输平车、模台。国内的供应商主要有河北新大地机电制造有限公司、湖南三一快而居住宅工业有限公司、山东万斯达数控设备有限公司、韶关市源昊住工机械有限公司等。国外主要的预制构件流水线成套设备供应商有艾巴维（Ebawe）、安夫曼（Avermann）、威克曼（Weckenmann）、沃乐特（Vollert）等。

0.3 本教材配套软件简介

0-1 本教材配套软件视频简介

0.3.1 软件简介

预制混凝土构件生产虚拟仿真实训软件是根据装配式建筑特点，综合行业规范，贯穿教学重、难点，利用虚拟仿真技术，依据装配式构件生产流程进行设计，实现装配式构件生产流程的仿真模拟、动态演示、交互式操作实训、结果智能考核等多项功能于一体的综合性仿真实训操作软件。软件将构件生产过程操作流程转化为教学场景，供装配化施工方向的学生进行仿真实训。

软件依据国家 2015 年装配式建筑系列建筑标准设计图集进行开发，符合企业生产规律及实训软件操作过程，使学生不仅能够体验一线操作人员的生产装配过程，还能进行多岗位的操作实训，在模拟建造过程中逐步扎实掌握装配式建筑理论知识、提升岗位能力，满足日常教学需要。

软件分为教师端和学生端。教师端的主要功能是完成训练、考核任务的下达、结果的评价和查阅。学生端分为控制端和虚拟端，主要功能是自主地根据教师下达的训练任务，通过控制端虚拟控制台发送指令到虚拟仿真软件的实时控制，以完成所有任务的操作。

0.3.2 软件特点

该软件主要具备以下特点：
1）实训构件内容来自标准图集典型构件；
2）虚拟的被控场景，仿真的、可操作的控制界面；
3）物理模型、工艺模型、经验模型相结合；
4）软件操作过程与企业实际操作过程一致；
5）软件有配套课程和教材；
6）软件模块独立且自动考核评价；
7）软件配置一主机双显示屏。

0.3.3 软件组成

该软件根据装配式建筑预制构件生产企业岗位需求为设计基础及"教、学、训、考"的教学理念，将系统划分为如下模块，如图 0-44 所示。

（1）原料预算虚拟仿真

虚拟仿真构件生产过程首道岗位工作——原料预算，训练考核学生对构件生产厂在构件生产前对所生产构件所需原材料进行预算的过程及预制构件认知学习的功能。训练构件基于国家建筑标准设计图集中的标准构件，教师一经下达实训任务，学生即可登录本模块转变为原料预算岗位角色参与构件生产的工程仿真生产，使学生在校内即可参与装配式建筑项目的生产施工工作，有效解决装配化施工方向在校生学习、实训困难的问题，如图 0-45、图 0-46 所示。其涵盖知识点及实训项目包括：预制构件认知、图纸识读训练、构件生产原材料的了解、原材料用量的计算、原材料采购预算实训、原材料成本核算等。

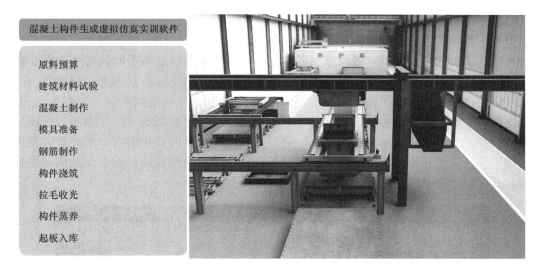

图 0-44　软件系统模块划分示意图

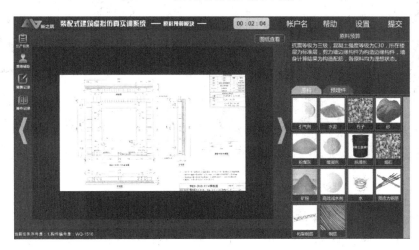

图 0-45　原料预算控制端界面

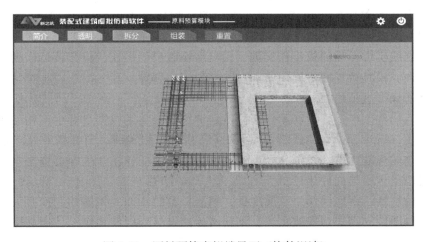

图 0-46　原料预算虚拟端界面（构件识读）

（2）建筑材料试验虚拟仿真

虚拟仿真构件生产过程建筑材料试验岗位，是训练考核学生在生产过程中对构件生产原材料进行试验的操作实训，并根据试验数据计算原料配合比、蒸养时间等生产数据，配合其他岗位合理生产。教师一经下达构件生产实训任务，学生即可登录本模块转变为建材试验岗位角色参与构件的工程仿真生产，如图 0-47 所示。其涵盖知识点及实训项目包括：试验设备认知与了解、试验设备操作及维护、原材料检测检验实训（如：钢筋拉拔试验操作实训、混凝土试块抗压试验操作实训、混凝土试块抗折试验操作实训、水泥胶砂强度试验操作实训、砂含水检测试验操作实训、砂粒径检测试验操作实训、石含泥检测试验操作实训、石粒径检测试验操作实训、套筒拉拔试验操作实训等）。

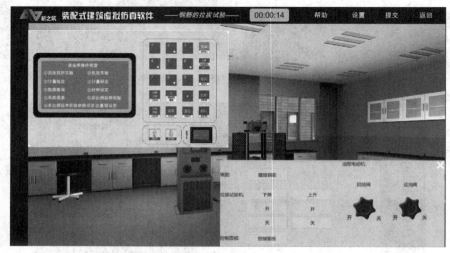

图 0-47　钢筋拉拔试验程序界面

（3）模具准备虚拟仿真

虚拟仿真构件生产过程模具准备岗位操作，是训练考核学生根据目标生产构件进行划线机操作、模具选择、模具组装、模具矫正固定、模具脱模剂涂刷等操作实训。训练构件基于国家建筑标准设计图集中的标准构件，教师一经下达构件实训任务，学生即可登录本模块转变为模具准备岗位角色参与构件生产的工程仿真生产，如图 0-48、图 0-49 所示。其涵盖知识点及实训项目包括：模具操作生产前准备、模具的认知与了解、模具选择实训、划线机划线实训、喷油机操作实训、模具涂刷脱模剂操作、行车调运模台操作、模具组装操作实训、模具矫正固定操作实训、工完料清实训等。

（4）钢筋操作虚拟仿真

虚拟仿真构件生产过程钢筋操作岗位，是训练考核学生根据目标生产构件进行钢筋下料、钢筋制作（折弯、拉直、截断等）、钢筋绑扎等操作实训。训练构件基于国家建筑标准设计图集中的标准构件，教师一经下达构件生产实训任务，学生即可登录本模块转变为钢筋操作岗位角色参与构件生产的工程仿真生产，如图 0-50、图 0-51 所示。其涵盖知识点及实训项目包括：钢筋操作生产前准备、钢筋材料的认知、钢筋的制作实训、钢筋绑扎操作实训、预埋件的固定与安装实训、钢筋网片铺设与垫块设置操作、钢筋操作异常工况处理操作、工完料清实训等。

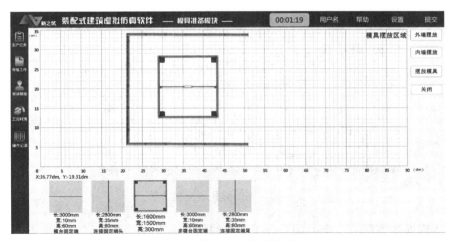

图 0-48　模具准备控制端界面

图 0-49　模具准备虚拟场景

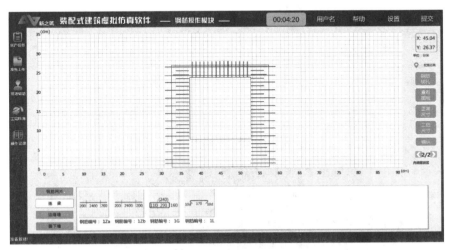

图 0-50　钢筋绑扎控制端界面

（5）混凝土制作虚拟仿真

　　虚拟仿真构件生产过程混凝土制作岗位，是训练考核学生根据目标生产构件进行混凝土配合比选择及混凝土搅拌操作。训练构件基于国家建筑标准设计图集中的标准构件，教

图 0-51　钢筋绑扎虚拟端场景

师一经下达构件实训任务，学生即可登录本模块转变为混凝土制作岗位角色参与构件生产的工程仿真生产，如图 0-52、图 0-53 所示。其涵盖知识点及实训项目包括：混凝土搅拌站生产前准备、混凝土配比计算、上料系统配料实训、混凝土搅拌操作实训、混凝土制作异常工况处理操作实训、工完料清操作实训等。

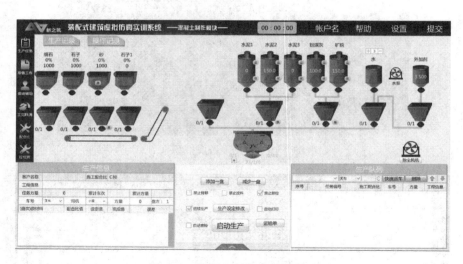

图 0-52　混凝土制作控制端界面

图 0-53　混凝土制作虚拟端场景

（6）构件浇筑虚拟仿真

虚拟仿真构件生产过程、构件浇筑岗位，是训练考核学生根据目标生产构件进行混凝土请求下料、构件浇筑振捣、保温板铺设固定等操作。训练构件基于国家建筑标准设计图集中的标准构件，教师一经下达构件生产实训任务，学生即可登录本模块转变为构件浇筑岗位角色参与构件生产的工程仿真生产，如图0-54、图0-55所示。其涵盖知识点及实训项目包括：浇筑前准备工作操作实训、模台移动操作实训、混凝土上料操作实训、混凝土浇筑操作实训、混凝土振捣操作实训、外墙板保温板铺设固定操作实训、构件浇筑异常工况处理操作实训、工完料清操作实训等。

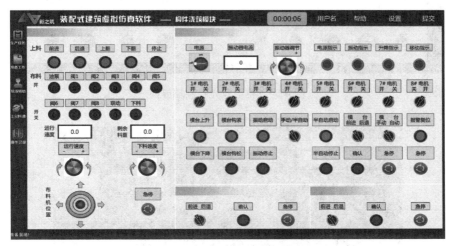

图 0-54 构件浇筑控制端界面

图 0-55 构件浇筑虚拟端场景

（7）拉毛收光虚拟仿真

虚拟仿真构件生产过程、拉毛收光岗位，是训练考核学生根据目标生产构件进行构件拉毛、构件赶平、预养库预养、抹光机抹光等操作。训练构件基于国家建筑标准设计图集中的标准构件，教师一经下达构件生产实训任务，学生即可登录本模块转变为拉毛收光岗位角色参与构件生产的工程仿真生产，如图0-56、图0-57所示。其涵盖知识点及实训项目包括：拉毛机操作前准备、赶平机操作前准备、抹光机操作前准备、拉毛机操作实训、赶平机操作实训、构件预养操作实训、抹光机操作实训、异常工况处理操作实训、工完料清操作实训等。

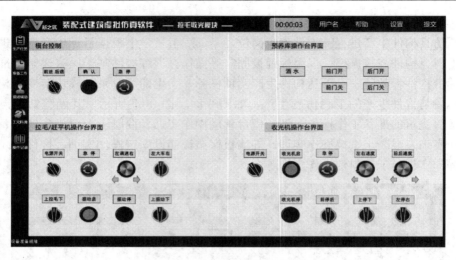

图 0-56　拉毛收光控制端界面

图 0-57　拉毛收光虚拟端场景

（8）构件蒸养虚拟仿真

虚拟仿真构件生产过程构件蒸养岗位，是训练考核学生根据目标生产构件进行构件入库出库操作、构件蒸养等操作。训练构件基于国家建筑标准设计图集中的标准构件，教师一经下达构件生产实训任务，学生即可登录本模块转变为构件蒸养岗位角色参与构件生产的工程仿真生产，如图 0-58、图 0-59 所示。其涵盖知识点及实训项目包括：构件蒸养生产前准备、构件蒸养温湿度控制实训、码垛机存取构件操作实训、构件蒸养异常工况处理操作实训、工完料清操作实训等。

（9）起板入库虚拟仿真

虚拟仿真构件生产过程起板入库岗位，是训练考核学生根据目标生产构件进行脱侧模、清洗糙面、起板入库等操作。训练构件基于国家建筑标准设计图集中的标准构件，教师一经下达构件生产实训任务，学生即可登录本模块转变为起板入库岗位角色参与构件生产的工程仿真生产，如图 0-60、图 0-61 所示。其涵盖知识点及实训项目包括：生产前准备操作实训、吊具认知及选择实训、构件拆模操作实训、构件水洗糙面操作实训、构件吊装操作实训、模台清理操作实训、构件摆放（码垛）操作实训、异常工况处理操作实训、工完料清操作实训等。

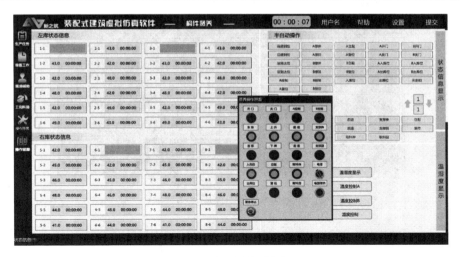

图 0-58　构件蒸养控制端界面

图 0-59　构件蒸养虚拟端场景

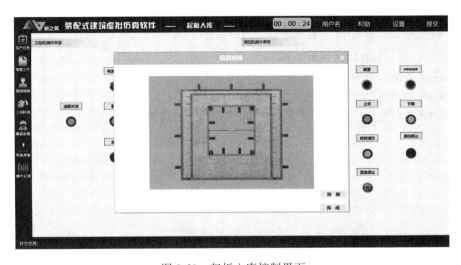

图 0-60　起板入库控制界面

图 0-61 起板入库虚拟端场景

小结

本部分主要介绍了国内外常见的几种平模生产线、成组立模生产线、预应力混凝土构件生产线的工艺流程及国内主要装配式建筑企业的生产现状；介绍装配式混凝土构件的发展趋势；详细讲述了预制构件厂的总体规划要求及固定模台法、流动模台法等流水生产类型；同时介绍了与本教材配套使用的集装配式构件生产流程的仿真模拟、动态演示、交互式操作实训、结果智能考核等多项功能于一体的综合性仿真实训操作软件的特点及优势。

习题

1. 简述预制构件平模生产线工位组成。
2. 简述国内预制构件平模生产线的特点。
3. 简述预应力带肋混凝土叠合楼板（PK 板）的优点。
4. 简述国内部分生产企业预制构件体系特点。
5. 绘制 PC 构件生产厂三种典型布置平面图。
6. 绘制固定模台法平面布置示意图。
7. 绘制流动模台法平面布置示意图。
8. 简述流水生产线种类。
9. 简述流动模台法中常用的主要设备种类。
10. 简述预制混凝土构件生产虚拟仿真实训软件的特点。

任务 1 预制混凝土构件原料计算

实例 1.1 预制混凝土墙原料计算

1.1.1 实例分析

构件生产厂技术员王某接到某工程预制混凝土剪力墙外墙的生产任务，其中标准层一块带一个窗洞的矮窗台外墙板选用了标准图集 15G365-1《预制混凝土剪力墙外墙板》中编号为 WQCA-3028-1516 的内叶板。该内叶板所属工程的结构及环境特点如下：

该工程为政府保障性住房，位于××西侧，××北侧，××南侧，××东侧。工程采用装配整体式混凝土剪力墙结构体系，预制构件包括：预制夹心外墙、预制内墙、预制叠合楼板、预制楼梯、预制阳台板及预制空调板。该工程地上 11 层，地下 1 层，标准层层高 2800mm，抗震设防烈度 7 度，结构抗震等级三级。内叶墙板按环境类别一类设计，厚度为 200mm，建筑面层为 50mm，采用混凝土强度等级为 C30，坍落度要求 35～50mm。

王某现需结合标准图集中内叶板 WQCA-3028-1516 的配筋图及工程结构特点计算该内叶板所需钢筋、混凝土各组成材料及预埋件的用量，其外墙板如图 1-1 所示。

图 1-1 外墙板示意图

1.1.2 相关知识

1. 预制混凝土剪力墙施工图识图规则

（1）预制混凝土剪力墙平面布置图

图 1-2 是剪力墙的平面布置图，预制混凝土剪力墙平面布置图的表示需遵循以下原则：

1）预制混凝土剪力墙平面布置图应按标准层绘制，内容包括预制剪力墙、现浇混凝土墙体、后浇段，现浇梁、楼面梁、水平后浇带或圈梁等。

2）剪力墙平面布置图应标注结构楼层标高表，并注明上部结构嵌固部位位置。标高注写时应满足以下要求：

① 用表格或其他方式注明包括地下室和地上各层的结构层楼（地）面标高、结构层高及相应的结构层号，结构层号应与建筑楼层号对应一致。

结构层楼（地）面标高＝建筑图中的各层地面和楼面标高值－建筑面层及垫层厚度

② 结构层楼面标高和结构层高在单项工程中必须统一。为方便施工，应将统一的结构楼面标高和结构层高分别放在墙、板等各类构件的施工图中。

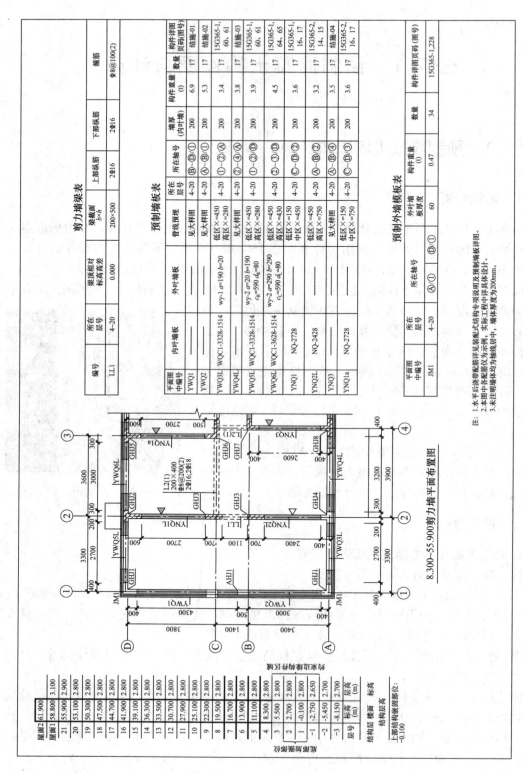

图1-2 剪力墙平面布置图示例

3）在平面布置图中，应标注未居中承重墙体与轴线的定位，需标明预制剪力墙的门窗洞口、结构洞的尺寸和定位，还需标明预制剪力墙的装配方向。外墙板以内侧为装配方向，不需要特殊标注；内墙板用 ▲ 表示装配方向，如图 1-2 中 YNQ1L、YNQ1a、YNQ2L、YNQ3 均标注了装配方向。

4）在平面布置图中，应标注水平后浇带或圈梁的位置。

5）预制墙板表中表达的主要内容包括：

① 墙板编号。

② 各段墙板的位置信息，包括所在轴号和所在楼层号。

所在轴号应先标注垂直于墙板的起止轴号，用"～"表示起止方向；再标注墙板所在轴线轴号，二者用"/"分隔，如图 1-2 中的 YWQ2，所在轴号为Ⓐ～Ⓑ/①。如果同一轴线、同一起止区域内有多块墙板，可在所在轴号后用"－1"、"－2"……顺序标注。

③ 管线预埋位置信息。

当选用标准图集时，高度方向可只注写低区、中区和高区，水平方向根据标准图集的参数进行选择；当不可选用标准图集时，高度方向和水平方向均应注写具体定位尺寸，其参数位置所在装配方向为 X、Y，装配方向背面为 X'、Y'，可用下角标编号区分不同线盒，如图 1-3 所示。

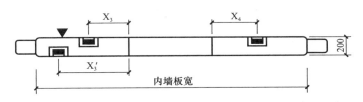

图 1-3   线盒参数含义示例

④ 构件重量、构件数量。

⑤ 构件详图页码，当选用标准图集时，需标注图集号和相应页码；当自行设计时，应注写构件详图的图纸编号。

（2）预制混凝土剪力墙编号

预制剪力墙编号由墙板代号、序号组成，表达形式应符合表 1-1 的规定。

预制混凝土剪力墙编号表   表 1-1

预制墙板类型	代号	序号
预制外墙	YWQ	××
预制内墙	YNQ	××

在编号中，如若干预制剪力墙的模板、配筋、各类预埋件完全一致，仅墙厚与轴线的关系不同，也可将其编为同一预制剪力墙编号，但应在图中注明与轴线的几何关系。

编号中的序号可为数字，或数字加字母。如：YNQ5a 表示某工程有一块预制混凝土内墙板与已编号的 YNQ5 除线盒位置外，其他参数均相同，为方便起见，将该预制内墙板序号编为 5a。

1）预制混凝土剪力墙外墙

预制混凝土剪力墙外墙由内叶墙板、保温层和外叶墙板组成。

① 内叶墙板

标准图集15G365-1《预制混凝土剪力墙外墙板》中的内叶墙板共有5种形式，编号规则见表1-2，示例见表1-3。

内叶墙板编号表   表 1-2

预制内叶墙板类型	示意图	编号
无洞口外墙	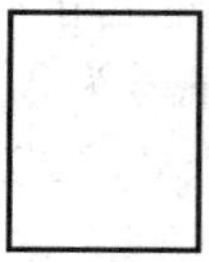	WQ － ×× － ×× 无洞口外墙　标志宽度　层高
一个窗洞高窗台外墙	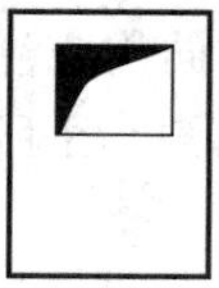	WQC1 － ×× ×× － ×× ×× 一窗洞外墙高窗台　标志宽度　层高　窗宽　窗高
一个窗洞矮窗台外墙		WQCA － ×× ×× － ×× ×× 一窗洞外墙矮窗台　标志宽度　层高　窗宽　窗高
两窗洞外墙	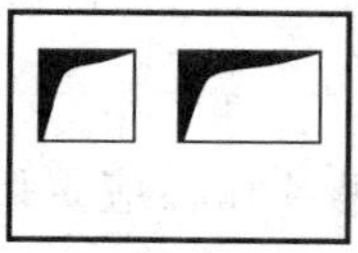	WQC2 － ×× ×× － ×× ×× － ×× ×× 两窗洞外墙　标志宽度　层高　左窗宽　左窗宽　右窗宽　右窗宽
一个门洞外墙	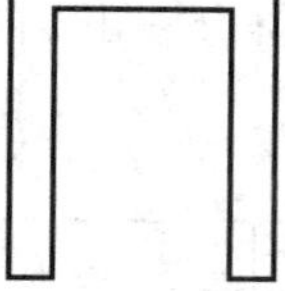	WQM － ×× ×× － ×× ×× 一门洞外墙　标志宽度　层高　门宽　门高

内叶墙板编号示例表（单位：mm）   表 1-3

墙板类型	示意图	墙板编号	标志宽度	层高	门/窗宽	门/窗高	门/窗宽	门/窗高
无洞口外墙	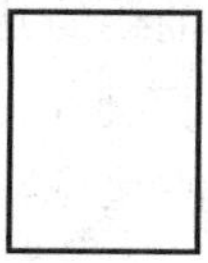	WQ-2428	2400	2800	—	—	—	—

续表

墙板类型	示意图	墙板编号	标志宽度	层高	门/窗宽	门/窗高	门/窗宽	门/窗高
一个窗洞外墙（高窗台）		WQC1-3028-1514	3000	2800	1500	1400	—	—
一个窗洞外墙（矮窗台）		WQCA-3029-1517	3000	2900	1500	1700	—	—
两个窗洞外墙		WQC2-4830-0615-1515	4800	3000	600	1500	1500	1500
一个门洞外墙		WQM-3628-1823	3600	2800	1800	2300	—	—

② 外叶墙板

标准图集15G365-1《预制混凝土剪力墙外墙板》中的外叶墙板共有两种类型（图1-4）：

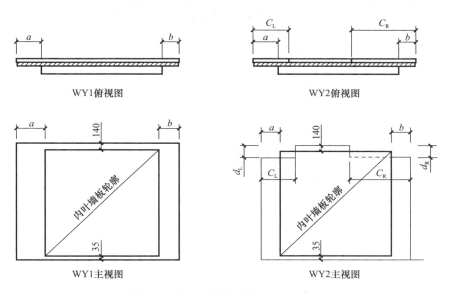

图1-4 外叶墙板类型图（内表面图）

标准外叶墙板WY1（a、b），按实际情况标注a、b；

带阳台板外叶墙板WY2（a、b、C_L 或 C_R、d_L 或 d_R），按外叶墙板实际情况标注a、

b、C_L 或 C_R、d_L 或 d_R。

2）预制混凝土剪力墙内墙

标准图集 15G365-2《预制混凝土剪力墙内墙板》中，预制混凝土内墙板共有 4 种形式，编号规则见表 1-4，编号示例见表 1-5。

预制混凝土剪力墙内墙板编号表　　　　　表 1-4

预制内墙板类型	示意图	编号
无洞口内墙	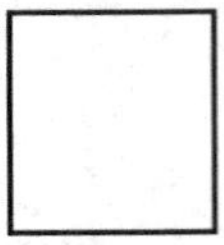	NQ － ×× － ×× 无洞口内墙　标志宽度　层高
固定门垛内墙	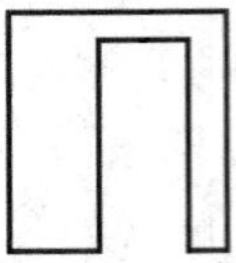	NQM1 － ×× ××－×× ×× 一门洞内墙（固定门垛）　标志宽度　层高　门宽　门高
中间门洞内墙	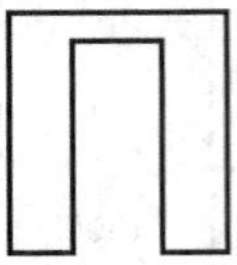	NQM2 － ×× ××－×× ×× 一门洞内墙（中间门洞）　标志宽度　层高　门宽　门高
刀把内墙	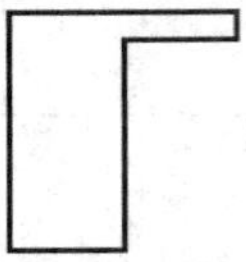	NQM3 － ×× ××－×× ×× 一门洞内墙（刀把内墙）　标志宽度　层高　门宽　门高

预制混凝土内墙板编号示例表（单位：mm）　　　　　表 1-5

预制墙板类型	示意图	墙板编号	标志宽度	层高	门宽	门高
无洞口内墙		NQ-2128	2100	2800	—	—
固定门垛内墙	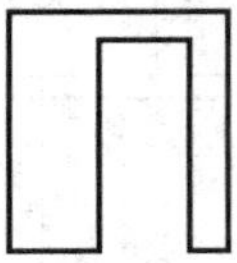	NQM1-3028-0921	3000	2800	900	2100
中间门洞内墙	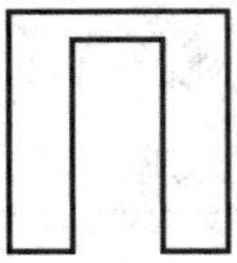	NQM2-3029-1022	3000	2900	1000	2200
刀把内墙	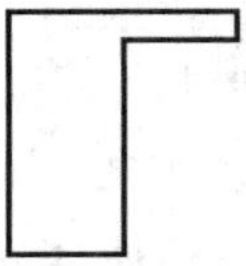	NQM3-3329-1022	3300	2900	1000	2200

（3）预制混凝土剪力墙钢筋骨架结构

1）图 1-5 所示为无洞口外墙内叶墙板的钢筋骨架示意图。

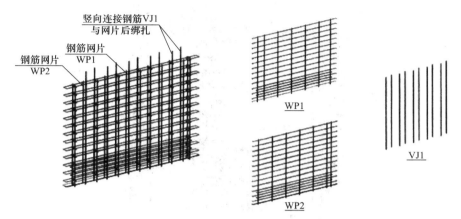

图 1-5   WQ 钢筋骨架示意图

2）图 1-6 为一个窗洞外墙（高窗台）内叶墙板的钢筋骨架示意图。

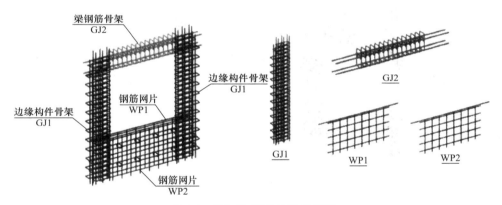

图 1-6   WQC1 钢筋骨架示意图

3）图 1-7 为一个窗洞外墙（矮窗台）内叶墙板的钢筋骨架示意图。

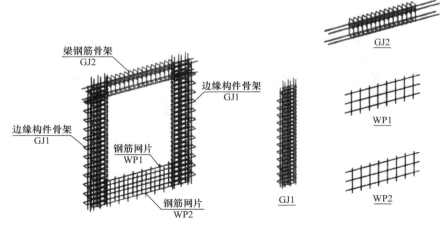

图 1-7   WQCA 钢筋骨架示意图

4）图 1-8 为两个窗洞外墙内叶墙板的钢筋骨架示意图。

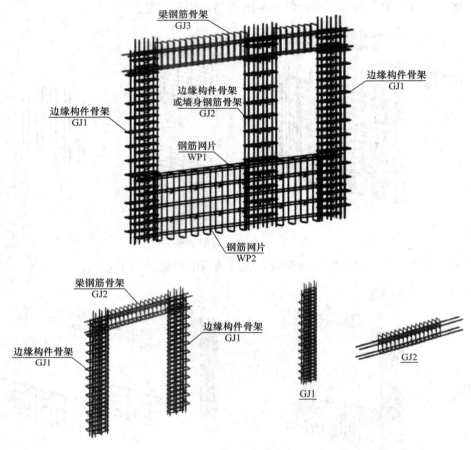

图 1-8　WQC2 钢筋骨架示意图

5）图 1-9 为一个门洞外墙的内叶墙板钢筋骨架示意图。

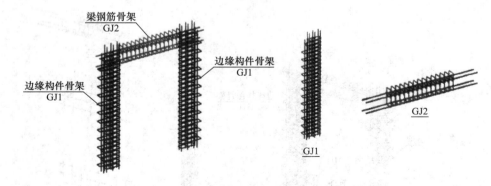

图 1-9　WQM 钢筋骨架示意图

（4）图例及符号

1）图例（表 1-6）

图例汇总表 表 1-6

名称	图例	名称	图例
预制钢筋混凝土（包括内墙、内叶墙、外叶墙）		后浇段、边缘构件	
		夹心保温外墙	
保温层		预制外墙模板	
现浇钢筋混凝土墙体		防腐木砖	
预埋线盒			

2）符号（表 1-7）

符号含义表 表 1-7

符号	含义
⚠C	粗糙面
WS	外表面
NS	内表面
MJ1	吊件
MJ2	临时支撑预埋螺母
MJ3	临时加固预埋螺母
B-30	300 宽填充用聚苯板
B-45	450 宽填充用聚苯板
B-50	500 宽填充用聚苯板
B-5	50 宽填充用聚苯板

2. 钢筋算量基础知识

（1）钢筋加工尺寸标注说明

1）纵向钢筋

纵向钢筋加工尺寸标注如图 1-10 所示。

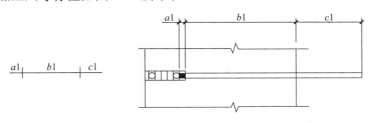

图 1-10 纵向钢筋加工尺寸标注示意图

2）箍筋

箍筋加工尺寸标注如图 1-11 所示。

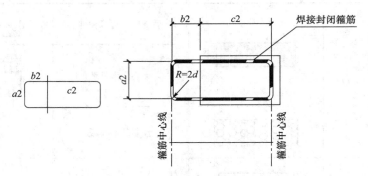

图 1-11　箍筋加工尺寸标注示意图

注：配筋图中箍筋长度均为中心线长度

3）拉筋

拉筋加工尺寸标注如图 1-12 所示。

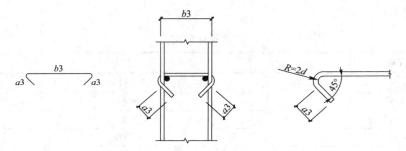

图 1-12　拉筋加工尺寸标注示意图

注：配筋图中 $a3$ 为弯钩处平直段长度，$b3$ 为被拉钢筋外表皮距离。

4）窗下墙钢筋

窗下墙钢筋加工尺寸标注如图 1-13 所示。

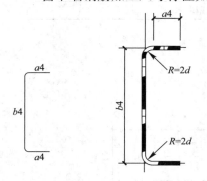

图 1-13　窗下墙加工尺寸标注
示意图

注：详图中 $a4$ 为弯钩处平直度长度，$b4$ 为竖向弯钩中心线距离。

（2）钢筋计算常用数据

钢筋的每米质量的单位是 kg/m。

钢筋的每米质量是计算钢筋工程量（t）的基本数据，当计算出某种直径钢筋的总长度（m）的时候，根据钢筋的每米质量就可以计算出这种钢筋的总质量：

钢筋的总质量（kg）＝钢筋总长度（m）×钢筋每米质量（kg/m）

常用钢筋的理论质量见表 1-8。

3. 混凝土组成材料用量计算

（1）混凝土配合比设计

混凝土配合比设计步骤：首先按照已选择的原材料性能及对混凝土的技术要求进行初步计算，得出"初步

常用钢筋的理论质量表　　　　　　　　　　　　　　表 1-8

钢筋直径（mm）	理论质量（kg/m）	钢筋直径（mm）	理论质量（kg/m）
4	0.099	16	1.578
5	0.154	18	1.998
6	0.222	20	2.466
6.5	0.260	22	2.984
8	0.395	25	3.833
10	0.617	28	4.834
12	0.888	30	5.549
14	1.208	32	6.313

注：表中直径为 4mm 和 5mm 的钢筋在习惯上和定额中被称为"钢丝"。

计算配合比"。再经过试验室试拌调整，得出"基准配合比"。然后，经过强度检验，定出满足设计和施工要求并比较经济的"设计配合比（试验室配合比）"。最后根据现场砂、石的实际含水率，对试验室配合比进行调整，求出"施工配合比"。

1）初步计算配合比的确定

① 配制强度（$f_{cu,o}$）的确定

A. 当混凝土的设计强度等级小于 C60 时，配制强度应按下式确定：

$$f_{cu,o} = f_{cu,k} + 1.645\sigma \tag{1-1}$$

式中　$f_{cu,o}$——混凝土配制强度（MPa）；

　　　$f_{cu,k}$——混凝土立方体抗压强度标准值（MPa）；

　　　σ——混凝土强度标准差（MPa）。其确定方法如下：

a. 当施工单位具有近期的同一品种混凝土强度资料时，其混凝土强度标准差按下式计算：

$$\sigma = \sqrt{\frac{\sum_{i=1}^{n} f_{cu,i}^2 - n\bar{f}_{cu}^2}{n-1}} \tag{1-2}$$

式中　$f_{cu,i}$——第 i 组试件的强度值（MPa）；

　　　$\bar{f}_{cu}$——行组试件强度的平均值（MPa）；

　　　n——混凝土试件的组数，$n \geqslant 30$。

b. 当施工单位无历史统计资料时，σ 可按表 1-9 取用。

混凝土 σ 取值表　　　　　　　　　　　　　　表 1-9

混凝土强度等级	≤C20	C25～C45	C50～C55
σ（MPa）	4.0	5.0	6.0

B. 当混凝土的设计强度等级不小于 C60 时，配制强度应按下式确定：

$$f_{cu,o} = 1.15 f_{cu,k} \tag{1-3}$$

② 初步确定水胶比（W/B）

混凝土强度等级小于 C60 时，混凝土水胶比宜按下式计算：

$$W/B = \frac{\alpha_a f_b}{f_{cu,o} + \alpha_a \alpha_b f_b} \tag{1-4}$$

式中 α_a、α_b——骨料回归系数；

f_b——胶凝材料 28d 抗压强度实测值（MPa）。

A. 当无胶凝材料 28d 抗压强度实测值时，式（1-4）中的 f_b 值可按下式确定：

$$f_b = \gamma_f \gamma_s f_{ce} \tag{1-5}$$

式中 $\gamma_f \gamma_s$——粉煤灰影响系数和粒化高炉矿渣粉影响系数，可按表 1-10 确定；

f_{ce}——水泥 28d 胶砂压强度（MPa）实测值。若无实测值，$f_{ce} = \gamma_c \cdot f_{ce,g}$（$\gamma_c$ 为水泥强度等级值的富余系数，可按表 1-11 确定；$f_{ce,g}$ 为水泥强度等级值）。

粉煤灰影响系数（γ_f）和粒化高炉矿渣粉影响系数（γ_s）　　　　　表 1-10

种类 掺量（%）	粉煤灰影响系数 γ_f	粒化高炉矿渣粉影响系数 γ_s
0	1.00	1.00
10	0.85～0.95	1.00
20	0.75～0.85	0.95～1.00
30	0.65～0.75	0.90～1.00
40	0.55～0.65	0.80～0.90
50	—	0.70～0.85

水泥强度等级富余系数　　　　　表 1-11

水泥强度等级	32.5	42.5	52.5
富余系数	1.12	1.16	1.10

B. 回归系数宜按下列规定确定：

回归系数应根据工程所使用的水泥、骨料，通过试验由建立的水胶比与混凝土强度关系式确定。当不具备试验统计资料时，其回归系数可按表 1-12 采用。

回归系数 α_a 和 α_b 选用表　　　　　表 1-12

材料 骨料回归系数	碎石	卵石
α_a	0.53	0.49
α_b	0.20	0.13

为了保证混凝土的耐久性，水胶比还不得大于表 1-13 中《混凝土结构设计规范》GB 50010—2010 规定的最大水胶比值，如计算所得的水胶比大于规定的最大水胶比值时，应取规定的最大水胶比值。

混凝土的最大水胶比与最小水泥用量表　　　　　表 1-13

环境类别	条件	最大水胶比	最小胶凝材料用量（kg/m³）		
			素混凝土	钢筋混凝土	预应力混凝土
一	室内干燥环境； 无侵蚀性静水浸没环境	0.60	250	280	300

环境类别		条件	最大水胶比	最小胶凝材料用量（kg/m³）		
				素混凝土	钢筋混凝土	预应力混凝土
二	a	室内潮湿环境； 非严寒和非寒冷地区的露天环境； 非严寒和非寒冷地区与无侵蚀性的水或土壤直接接触的环境； 严寒和寒冷地区的冰冻线以下与无侵蚀性的水或土壤直接接触的环境	0.55	280	300	300
	b	干湿交替环境； 水位频繁变动环境； 严寒和寒冷地区的露天环境； 严寒和寒冷地区冰冻线以上与无侵蚀性的水或土壤直接接触的环境	0.5 (0.55)	320		
三	a	严寒和寒冷地区冬季水位变动区环境； 受除冰盐影响环境； 海风环境	0.45 (0.5)	330		
	b	盐浸土环境； 受除冰盐作用环境； 海岸环境	0.4	330		

③ 1m³ 混凝土的用水量（m_{wo}）

A. 每立方米干硬性和塑性混凝土用水量的确定，应符合下列规定：

a. 水胶比在 0.40～0.80 范围时，根据粗骨料的品种、粒径及施工要求的混凝土拌合物稠度，其用水量可按表 1-14、表 1-15 选取。

b. 水胶比小于 0.40 的混凝土的用水量，应通过试验确定。

干硬性混凝土的用水量表（kg/m³）　　　　　　　　　　　　　表 1-14

拌合物稠度		卵石最大粒径（mm）			碎石最大粒径（mm）		
项目	指标	10	20	40	16	20	40
维勃稠度（s）	16～20	175	160	145	180	170	155
	11～15	180	165	150	185	175	160
	5～10	185	170	155	190	180	165

塑性混凝土的用水量表（kg/m³）　　　　　　　　　　　　　表 1-15

拌合物稠度		卵石最大粒径（mm）				碎石最大粒径（mm）			
项目	指标	10	20	31.5	40	16	20	31.5	40
坍落度（mm）	10～30	190	170	160	150	200	185	175	165
	35～50	200	180	170	160	210	195	185	175
	55～70	210	190	180	170	220	205	195	185
	75～90	215	195	185	175	230	215	205	195

B. 掺外加剂时，每立方米流动性或大流动性混凝土的用水量按下式计算：

$$m_{wa} = m_{wo}(1 - \beta) \tag{1-6}$$

式中　m_{wa}——掺外加剂时，每 $1m^3$ 混凝土的用水量（kg/m³）；

　　　m_{wo}——未掺外加剂时，每 $1m^3$ 混凝土的用水量（kg/m³）；

　　　β——外加剂的减水率（%），应经试验确定。

④ 计算 $1m^3$ 混凝土的胶凝材料用量（m_{bo}）、矿物掺合料用量（m_{fo}）、水泥用量（m_{co}）、外加剂用量（m_{ao}）

A. 根据已初步确定的水胶比（W/B）和选用的单位用水量（m_{wo}），可计算出胶凝材料用量（m_{bo}）：

$$m_{bo} = \frac{m_{wo}}{W/B} \tag{1-7}$$

为保证混凝土的耐久性，由上式计算得出的胶凝材料用量还应满足《普通混凝土配合比设计规程》JGJ 55—2011（表 1-13）规定的最小胶凝材料用量的要求，如计算得出的胶凝材料用量少于规定的最小胶凝材料用量，则应取规定的最小胶凝材料用量值。

B. 每立方米混凝土的矿物掺合料用量（m_{fo}）应按下式计算：

$$m_{fo} = m_{bo}\beta_f \tag{1-8}$$

式中　β_f——矿物掺合料量掺量（%）。矿物掺合料在混凝土中的掺量应通过试验确定，采用硅酸盐水泥或普通硅酸盐水泥时，钢筋混凝土中矿物掺合料最大掺量宜符合表 1-16 的规定。

钢筋混凝土中矿物掺合料最大掺量表　　　　　　表 1-16

矿物掺合料种类	水胶比	最大掺量（%）	
		采用硅酸盐水泥时	采用普通硅酸盐水泥时
粉煤灰	≤0.40	45	35
	>0.40	40	30
粒化高炉矿渣粉	≤0.40	65	55
	>0.40	55	45
钢渣粉	—	30	20
磷渣粉	—	30	20
硅灰	—	10	10
复合掺合料	≤0.40	65	55
	>0.40	55	45

C. 每立方米混凝土的水泥用量（m_{co}）应按下式计算：

$$m_{co} = m_{bo} - m_{fo} \tag{1-9}$$

D. 每立方米混凝土中外加剂用量（m_{ao}）应按下式计算：

$$m_{ao} = m_{bo}\beta_a \tag{1-10}$$

式中　β_a——外加剂掺量（%），应经混凝土试验确定。

⑤ 选取合理的砂率（β_s）

砂率（β_s）应根据骨料的技术指标、混凝土拌合物性能和施工要求，参考既有历史资料确定。当缺乏砂率的历史资料时，混凝土砂率的确定应符合下列规定：

A. 坍落度小于 10mm 的混凝土，其砂率应经试验确定；

B. 坍落度为 10~60mm 的混凝土，其砂率可根据粗骨料品种、最大公称粒径及水胶比按表 1-17 选取；

C. 坍落度大于 60mm 的混凝土，其砂率可经试验确定，也可在表 1-17 的基础上，按坍落度每增大 20mm、砂率增大 1% 的幅度予以调整。

混凝土的砂率表（%）　　　　　　　　　　　表 1-17

水胶比	卵石最大粒径（mm）			碎石最大粒径（mm）		
（W/B）	10	20	40	16	20	40
0.40	26～32	25～31	24～30	30～35	29～34	27～32
0.50	30～35	29～34	28～33	33～38	32～37	30～35
0.60	33～38	32～37	31～36	36～41	35～40	33～38
0.70	36～41	35～40	34～39	39～44	38～43	36～41

⑥ 计算粗、细骨抖的用量（m_{go}）及（m_{so}）

粗、细骨料的用量可用质量法或体积法求得。

A. 质量法

如果原材料情况比较稳定，所配制的混凝土拌合物的表观密度将接近一个固定值，这样可以先假设一个 1m³ 混凝土拌合物的质量值，并可列出以下两式：

$$\begin{cases} m_{fo} + m_{co} + m_{go} + m_{so} + m_{wo} = m_{cp} \\ \beta_s = \dfrac{m_{so}}{m_{so} + m_{go}} \times 100\% \end{cases} \quad (1\text{-}11)$$

式中　m_{go}——1m³ 混凝土的粗骨料用量（kg/m³）；

　　　m_{so}——1m³ 混凝土的细骨料用量（kg/m³）；

　　　m_{cp}——1m³ 混凝土拌合物的假定质量（kg/m³），其值可取 2350～2450kg/m³。

解联立两式，即可求出 m_{go}、m_{so}。

B. 体积法

假定混凝土拌合物的体积，等于各组成材料绝对体积和混凝土拌合物中所含空气体积之总和。因此，在计算 1m³ 混凝土拌合物的各材料用量时，可列出以下两式：

$$\begin{cases} \dfrac{m_{fo}}{\rho_f} + \dfrac{m_{co}}{\rho_c} + \dfrac{m_{go}}{\rho_g} + \dfrac{m_{so}}{\rho_s} + \dfrac{m_{wo}}{\rho_w} + 0.01\alpha = 1 \\ \beta_s = \dfrac{m_{so}}{m_{so} + m_{go}} \times 100\% \end{cases} \quad (1\text{-}12)$$

式中　ρ_c——水泥密度，可取 2900～3100kg/m³；

　　　ρ_g——粗骨料的表观密度（kg/m³）；

　　　ρ_s——细骨料的表观密度（kg/m³）；

　　　ρ_f——矿物掺合料密度（kg/m³）；

　　　ρ_w——水的密度，可取 1000kg/m³；

　　　α——混凝土的含气量百分数，在不使用引气型外加剂时，可取 1。

解联立两式，即可求出 m_{go}、m_{so}。

通过以上六个步骤，便可将水、水泥、砂和石子的用量全部求出，得出初步计算配合比，供试配用。

以上混凝土配合比计算公式和表格，均以干燥状态骨料（系指含水率小于 0.5% 的细骨料和含水率小于 0.2% 的粗骨料）为基准。

2）混凝土配合比的试配、调整与确定

① 基准配合比的确定

按初步计算配合比，称取实际工程中使用的材料，进行试拌。混凝土的搅拌方法，应与生产时使用的方法相同。试配的最小搅拌量见表 1-18。

试配的最小搅拌量 表 1-18

粗骨料最大公称粒径（mm）	拌合物数量（L）
≤31.5	20
40.0	25

混凝土搅拌均匀后，检查拌合物的和易性，不符合要求的，必须经过试拌调整，直到符合要求为止，然后，提出供检验强度用的基准配合比。

调整混凝土拌合物和易性的方法如下：

A. 当坍落度低于设计要求时，可保持水胶比不变，适当增加水泥浆量或调整砂率。

B. 若坍落度过大，则可在砂率不变的条件下增加砂石用量。

C. 如出现含砂不足、粘聚性和保水性不良时，可适当增大砂率；反之，应减小砂率。

当试拌调整工作完成后，应测出混凝土拌合物的实际表观密度 $\rho_{c,t}$，并重新计算每立方米混凝土各组成材料的用量，得出基准配合比：

$$m_{c,j} = \frac{m_{c,b}}{m_{c,b} + m_{f,b} + m_{s,b} + m_{g,b} + m_{w,b}} \times \rho_{c,t} \tag{1-13}$$

$$m_{f,j} = \frac{m_{f,b}}{m_{c,b} + m_{fb} + m_{s,b} + m_{g,b} + m_{w,b}} \times \rho_{c,t} \tag{1-14}$$

$$m_{s,j} = \frac{m_{s,b}}{m_{c,b} + m_{fb} + m_{s,b} + m_{g,b} + m_{w,b}} \times \rho_{c,t} \tag{1-15}$$

$$m_{g,j} = \frac{m_{g,b}}{m_{c,b} + m_{fb} + m_{s,b} + m_{g,b} + m_{w,b}} \times \rho_{c,t} \tag{1-16}$$

$$m_{w,j} = \frac{m_{w,b}}{m_{c,b} + m_{fb} + m_{s,b} + m_{g,b} + m_{w,b}} \times \rho_{c,t} \tag{1-17}$$

② 试验室配合比的确定

经过和易性调整后得到的基准配合比，其水胶比选择不一定恰当，即混凝土的强度有可能不符合要求，所以应检验混凝土的强度。进行混凝土强度检验时，应至少采用三个不同的配合比。其一为基准配合比，另外两个配合比的水胶比，应较基准配合比分别增加或减少 0.05。而其用水量与基准配合比相同，砂率可分别增加或减小 1%。每种配合比制作一组（三块）试件，并经标准养护到 28d 时试压。

由试验得出的各水胶比及其对应的混凝土强度的关系，用作图法或计算法求出与混凝土配制强度相对应的水胶比，再计算出试验室配合比。

3）施工配合比

设计配合比是以干燥材料为基准的，而工地存放的砂、石都含有一定的水分，且随着气候的变化而经常变化。所以，现场材料的实际称量应按工地砂、石的含水情况进行修正，修正后的配合比称施工配合比。

假定工地存放砂的含水率为 a（％）：石子的含水率为 b（％），则将上述设计配合比换算为施工配合比，其材料称量为：

$$m'_c = m_c \tag{1-18}$$
$$m'_f = m_f \tag{1-19}$$
$$m'_s = m_s(1 + 0.01a) \tag{1-20}$$
$$m'_g = m_g(1 + 0.01b) \tag{1-21}$$
$$m'_w = m_w - 0.01am_s - 0.01bm_g \tag{1-22}$$

（2）预制混凝土工程量计算

1）预制混凝土工程量计算规则

预制混凝土工程量均按图示实体体积以 m^3 计算，不扣除构件内钢筋，铁件及小于 300mm×300mm 以内孔洞面积。空心板的孔洞体积应扣除。

2）计算公式（表 1-19）

预制钢筋混凝土构件制作、运输、安装损耗率表　　　　表 1-19

名称	制作废品率	运输堆放损耗率	安装（打桩）损耗率
各类预制构件	0.2％	0.8％	0.5％
预制钢筋混凝土桩	0.1％	0.4％	1.5％

表 1-19 列出了预制钢筋混凝土构件制作、运输、安装过程的损耗率，混凝土工程量计算如下：混凝土预制构件制作工程量＝预制构件图示实体体积×（1＋1.5％）

计算时，构件数量不要遗漏，清查准确，工程量要区别有无损耗系数。工程量计算结果保留两位小数。

4. 预埋件、预留孔洞表示方法

（1）预埋件

1）在混凝土构件上设置预埋件时，可按图 1-14 的规定在平面图或立面图上表示。引出线指向预埋件，并标注预埋件的代号。

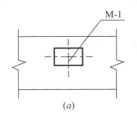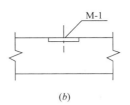

图 1-14　预埋件的表示方法
（a）平面图；（b）立面图

2）在混凝土构件的正、反面同一位置均设置相同的预埋件时，可按图 1-15 的规定，引出线为一条实线和一条虚线并指向预埋件，同时在引出横线上标注预埋件的数量及代号。

3）在混凝土构件同一位置的正、反面设置编号不同的预埋件时，可按图 1-16 的规定引一条实线和一条虚线并指向预埋件。引出横线上标注正面预埋件代号，引出横线下标注反面预埋件代号。

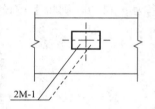 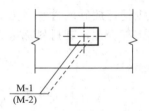

图 1-15　同一位置正、反面预埋件相同的表示方法图　　图 1-16　同一位置正、反面预埋件不同的表示方法

（2）预留孔洞

在构件上设置预留孔洞或预埋套管时，可按图 1-17 的规定在平面或断面图中表示。引出线指向预留（埋）位置，引出横线上方标注预留孔、洞的尺寸和预埋套管的外径。横线下方标注孔、洞（套管）的中心标高或底标高。

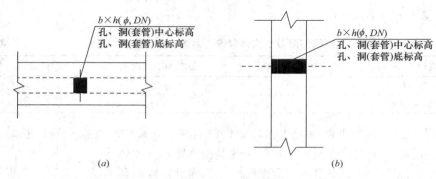

图 1-17　预留孔、洞及预埋套管的表示方法

（a）平面图；（b）立面图

1.1.3　任务实施

1-1　外墙原材料计算视频

以标准图集 15G365-1《预制混凝土剪力墙外墙板》中编号为 WQCA-3028-1516 夹心墙板为实例通过装配式建筑虚拟仿真实训软件进行仿真操作。

1. 练习或考核计划下达

计划下达分两种情况，第一种：练习模式下学生根据学习需求自定义下达计划。第二种：考核模式下教师根据教学计划及检查学生掌握情况下达计划并分配给指定学生进行训练或考核，如图 1-18、图 1-19 所示。

2. 登录系统查询操作任务

（1）输入用户名及密码登录系统，如图 1-20 所示。

（2）登录系统后查询生产任务，根据任务列表，明确任务内容，如图 1-21 所示。

3. 发送新任务请求，领取生产任务

发送新任务请求，如图 1-22 所示，领取夹心墙板 WQCA-3028-1516 的生产任务，明确当前任务内容。

4. 构件原料计算

图 1-23 所示为夹心墙板 WQCA-3028-1516 的配筋图，结合图纸及工程特点进行构件原料计算如下：

图 1-18 学生自主下达计划

图 1-19 教师下达计划

图 1-20 系统登录

图 1-21　任务列表

图 1-22　新任务请求

（1）钢筋算量

工程抗震等级为三级，内叶墙板建筑面层厚度为 50mm，根据图 1-23 中的钢筋表，计算内叶板的钢筋用量。

1）连梁钢筋计算

① 纵筋

下部纵筋⑫ₐ：2 根直径 16mm 的三级钢，每根长度：200＋2400＋200＝2800mm。

上部纵筋⑫ᵦ：2 根直径 10mm 的三级钢，每根长度：200＋2400＋200＝2800mm。

② 箍筋

箍筋①G：直径 8mm 的三级钢，数量 15，每根长度：（110＋290）×2＋160×2＝1120mm。

③ 拉筋

拉筋①L：15 根直径 8mm 的三级钢，每根长度：10×8×2＋170＝330mm。

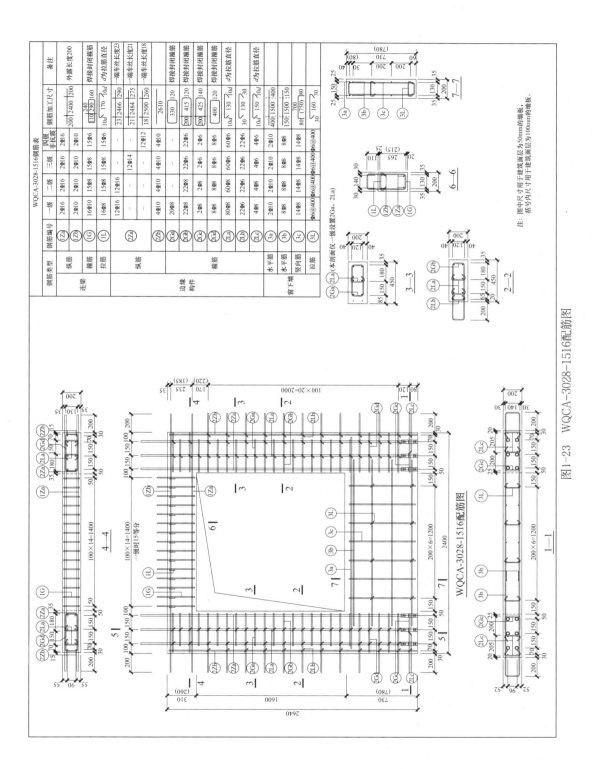

图1-23　WQCA-3028-1516配筋图

2）边缘构件钢筋计算

① 纵筋

纵筋⑫a：12 根直径 14mm 的三级钢，每根长度：21＋2484＋275＝2780mm。

纵筋⑫b：4 根直径 10mm 的三级钢，每根长度：2610mm。

② 箍筋

箍筋⑫Gb：直径 6mm 的三级钢，数量 22，每根长度：（200＋415）×2＋120×2＝1470mm。

箍筋⑫Gc：直径 6mm 的三级钢，数量 2，每根长度：（200＋425）×2＋140×2＝1530mm。

箍筋⑫Gd：直径 6mm 的三级钢，数量 8，每根长度：400×2＋120×2＝1040mm。

箍筋⑫La：直径 6mm 的三级钢，数量 60，每根长度：10×6×2＋130＝250mm。

箍筋⑫Lb：直径 6mm 的三级钢，数量 22，每根长度：30×2＋130＝190mm。

箍筋⑫Lc：直径 6mm 的三级钢，数量 4，每根长度：10×6×2＋150＝270mm。

3）窗下墙钢筋计算

① 水平筋

水平筋③a：2 根直径 10mm 的三级钢，每根长度：400＋1500＋400＝2300mm。

水平筋③b：8 根直径 8mm 的三级钢，每根长度：150＋1500＋150＝1800mm。

② 竖向筋

竖向筋③c：14 根直径 8mm 的三级钢，每根长度：80×2＋700＝860mm。

③ 拉筋

拉筋③L：8 根直径 6mm 的三级钢，每根长度：30×2＋160＝220mm。

4）各类钢筋尺寸合计

内叶板 WQCA-3028-1516 采用的钢筋均为三级钢，其中：

直径 6mm 的钢筋尺寸合计：1470×22＋1530×2＋1040×8＋250×60＋190×22＋270×4＋220×8＝65740mm＝65.74m。

直径 8mm 的钢筋尺寸合计：1120×15＋330×15＋1800×8＋860×14＝48190mm＝48.19m。

直径 10mm 的钢筋尺寸合计：2800×2＋2610×4＋2300×2＝20640mm＝20.64m。

直径 14mm 的钢筋尺寸合计：2780×12＝33360mm＝33.36m。

直径 16mm 的钢筋尺寸合计：2800×2＝5600mm＝5.6m。

5）各类钢筋质量计算

直径 6mm 的钢筋理论质量为 0.222kg/m；直径 8mm 的钢筋理论质量为 0.395kg/m；直径 10mm 的钢筋理论质量为 0.617kg/m；直径 14mm 的钢筋理论质量为 1.208kg/m；直径 16mm 的钢筋理论质量为 1.578kg/m。

直径 6mm 的三级钢用量：0.222×65.74＝14.59kg

直径 8mm 的三级钢用量：0.395×48.19＝19.04kg

直径 10mm 的三级钢用量：0.617×20.64＝12.73kg

直径 14mm 的三级钢用量：1.208×33.36＝40.30kg

直径 16mm 的三级钢用量：1.578×5.6＝8.84kg

（2）混凝土各组成材料用量计算

1）混凝土配合比计算

内叶板 WQCA-3028-1516 所用混凝土按环境类别一类设计，设计强度等级为 C30，要求坍落度为 35～50mm，混凝土采用机械搅拌，机械振捣，构件生产单位无历史统计资料。采用的材料为：

水泥：强度等级为 42.5 的普通硅酸盐水泥，密度为 3000kg/m³，胶凝材料实测强度为 43.5MPa。

砂：中砂，$M_x=2.5$，表观密度 $\rho_s=2650$kg/m³，现场砂含水率为 3%。

石子：碎石，最大粒径 $D_{max}=20$mm，表观密度 $\rho_g=2700$kg/m³，现场碎石含水率为 1%

水：自来水。

混凝土配合比计算过程如下：

① 初步计算配合比

A. 确定配制强度（$f_{cu,o}$）

查表 1-9，取标准差 $\sigma=5$，则：

$$f_{cu,o} = f_{cu,k} + 1.645\sigma = 30 + 1.645 \times 5 = 38.2\text{MPa}$$

B. 确定水胶比（W/B）

查表 1-12，碎石回归系数 $\alpha_a=0.53$，$\alpha_b=0.20$：

$$W/B = \frac{\alpha_a f_b}{f_{cu,o} + \alpha_a \alpha_b f_b} = \frac{0.53 \times 43.5}{38.2 + 0.53 \times 0.20 \times 43.5} = 0.54$$

查表 1-13，结构物处于干燥环境，要求 $W/B \leqslant 0.6$，所以水胶比可取 0.54。

C. 确定单位用水量（m_{wo}）

查表 1-15，取 $m_{wo}=195$kg。

D. 计算胶凝材料用量（m_{bo}）

$$m_{bo} = \frac{m_{wo}}{W/B} = \frac{195}{0.54} = 361\text{kg}$$

查表 1-13，处于干燥环境，胶凝材料用量最少为 280kg，所以可取 361kg。

若不掺加矿物掺合料，则 $m_{co} = m_{bo} = 361$kg

E. 确定合理砂率值（β_s）

查表 1-17，$W/B=0.54$，碎石 $D_{max}=20$mm，可取 $\beta_s=35\%$。

F. 计算石子、砂用量（m_{go} 及 m_{so}）

采用体积法计算，取 $\alpha=1$，则

$$\begin{cases} \dfrac{361}{3000} + \dfrac{m_{so}}{2650} + \dfrac{m_{go}}{2700} + \dfrac{195}{1000} + 0.01 \times 1 = 1 \\ \dfrac{m_{so}}{m_{so} + m_{go}} = 0.35 \end{cases}$$

解得：$m_{go}=1184$kg，$m_{so}=639$kg

初步计算配合比为：

$$m_{co} : m_{so} : m_{go} : m_{wo} = 361 : 639 : 1184 : 195 = 1 : 1.77 : 3.28 : 0.54$$

② 配合比的试配、调整和确定

A. 基准配合比的确定

按初步计算配合比，试拌混凝土 20L，其材料用量为：

水泥：$0.02×361=7.22$kg；水：$0.02×195=3.9$kg；砂：$0.02×639=12.78$kg；石子：$0.02×1184=23.68$kg

经搅拌后做坍落度试验，其值为 20mm。尚不符合要求，因此增加水泥浆（水胶比为 0.54）量，则水泥用量增至 9.3kg，水用量增至 5.02kg。调整后的材料用量为：

水泥：9.3kg；水：5.02kg；砂：12.78kg；石子：23.68kg；总质量为 50.78kg。

经搅拌后，测得坍落度为 30mm，黏聚性、保水性均良好。混凝土拌合物的实测表观密度为 2390kg/m³。则 1m³ 混凝土的材料用量为：

$$m_{c,j} = \frac{m_{c,b}}{m_{c,b}+m_{s,b}+m_{g,b}+m_{w,b}} \times \rho_{c,t} = \frac{9.3}{50.78} \times 2390 = 438\text{kg}$$

$$m_{s,j} = \frac{m_{s,b}}{m_{c,b}+m_{s,b}+m_{g,b}+m_{w,b}} \times \rho_{c,t} = \frac{12.78}{50.78} \times 2390 = 602\text{kg}$$

$$m_{g,j} = \frac{m_{g,b}}{m_{c,b}+m_{s,b}+m_{g,b}+m_{w,b}} \times \rho_{c,t} = \frac{23.68}{50.78} \times 2390 = 1115\text{kg}$$

$$m_{w,j} = \frac{m_{w,b}}{m_{c,b}+m_{s,b}+m_{g,b}+m_{w,b}} \times \rho_{c,t} = \frac{5.02}{50.78} \times 2390 = 236\text{kg}$$

基准配合比为：

$$m_{c,j} : m_{s,j} : m_{g,j} : m_{w,j} = 438 : 602 : 1115 : 236 = 1 : 1.37 : 2.55 : 0.54$$

B. 强度检验

在基准配合比的基础上，拌制三种不同水胶比的混凝土。其中一组是水胶比为 0.54 的基准配合比，另两组的水胶比各增减 0.05，分别为 0.49 和 0.59。经试拌调整以满足和易性的要求，测得其表观密度，0.49 水胶比的混凝土为 2400kg/m³，0.59 水胶比的混凝土为 2380kg/m³。制作三组混凝土立方体试件，经 28d 标准养护，测得抗压强度如下：

W/B	抗压强度（MPa）
0.49	43.0
0.54	40.1
0.59	35.3

根据上述三组抗压强度试验结果，可知水胶比为 0.55 的基准配合比的混凝土强度能满足配制强度 $f_{cu,o}=38.2$ 的要求，可定为混凝土的设计配合比。所以，设计配合比 1m³ 混凝土各组成材料的用量分别为：$m_c=429$kg，$m_s=602$kg，$m_g=1115$kg，$m_w=236$kg。

③ 现场施工配合比

将设计配合比换算成现场施工配合比。用水量应扣除砂、石所含的水量，而砂、石用量则应增加砂、石含水的质量。所以，施工配合比为：

$$m_c' = 429\text{kg}$$

$$m_s' = 602(1+0.03) = 620\text{kg}$$

$$m_g' = 1115(1+0.01) = 1126\text{kg}$$

$$m_w' = 236 - 602 \times 0.03 - 1115 \times 0.01 = 207\text{kg}$$

2）混凝土工程量计算

① 构件体积

图 1-24 所示为 WQCA 示意图，内叶板 WQCA-3028-1516 厚度为 200mm，建筑面层为 50mm，根据表 1-20 取 $L_w=1500mm$，$L_0=450mm$，$h_a=730mm$，$h_w=1600mm$，$h_b=310mm$，WQCA-3028-1516 体积为：

$$(1.5+2\times0.45)\times(0.73+1.6+0.31)\times0.2-1.5\times1.6\times0.2=0.79m^3$$

② 混凝土工程量

根据表 1-19 列出的预制钢筋混凝土构件制作、运输、安装过程的损耗率，混凝土工程量计算如下：

混凝土预制构件制作工程量＝预制构件图示实体体积×(1+1.5%)＝0.79×(1+1.5%)＝0.80m³

3）混凝土各组成材料用量

内叶板 WQCA-3028-1516 中混凝土各组成材料用量如下：

水泥用量＝429×0.80＝343.2kg

砂子用量＝620×0.80＝496kg

石子用量＝1126×0.80＝900.8kg

水的用量＝207×0.80＝＝165.6kg

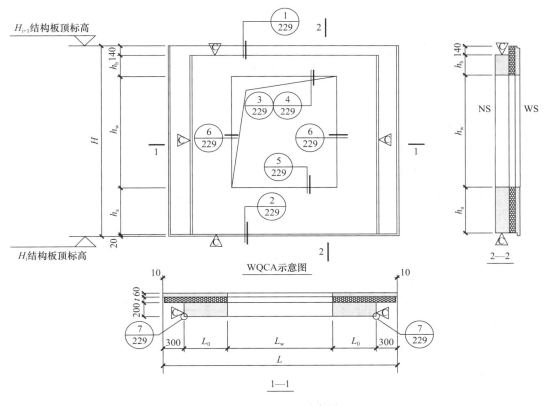

图 1-24　WQCA 示意图

WQCA 选用表   表 1-20

层高 H (mm)	墙板编号	标志宽度 L (mm)	L_w (mm)	L_0 (mm)	h_a (mm)	h_w (mm)	h_b (mm)
	WQCA-3028-1516	3000	1500	450			
	WQCA-3328-1816	3300	1800	450			
	WQCA-3628-1816	3600	1800	600			
2800	WQCA-3628-2116	3600	2100	450	730 (780)	1600	310 (260)
	WQCA-3928-2116	3900	2100	600			
	WQCA-3928-2116	3900	2400	450			
	WQCA-4228-2416	4200	2400	600			
	WQCA-4228-2716	4200	2700	450			
	WQCA-3029-1517	3000	1500	450			
	WQCA-3329-1817	3300	1800	450			
	WQCA-3629-1817	3600	1800	600			
2900	WQCA-3629-2117	3600	2100	450	630 (680)	1700	410 (360)
	WQCA-3929-2117	3900	2100	600			
	WQCA-3929-2417	3900	2400	450			
	WQCA-4229-2417	4200	2400	600			
	WQCA-4229-2717	4200	2700	450			
	WQCA-3630-1818	3600	1800	600			
	WQCA-3630-2118	3600	2100	450			
	WQCA-3930-2118	3900	2100	600			
3000	WQCA-3930-2418	3900	2400	450	630 (680)	1800	410 (360)
	WQCA-4230-2418	4200	2400	600			
	WQCA-4230-2718	4200	2700	450			
	WQCA-4530-2718	4500	2700	600			

注：表中表示建筑面层为 50mm 和 100mm 两种，括号内为 100mm 厚建筑面层相对应数值。

（3）预埋件用量

由图 1-25 内叶板 WQCA-3028-1516 模板图可知构件所用预埋件，见表 1-21。

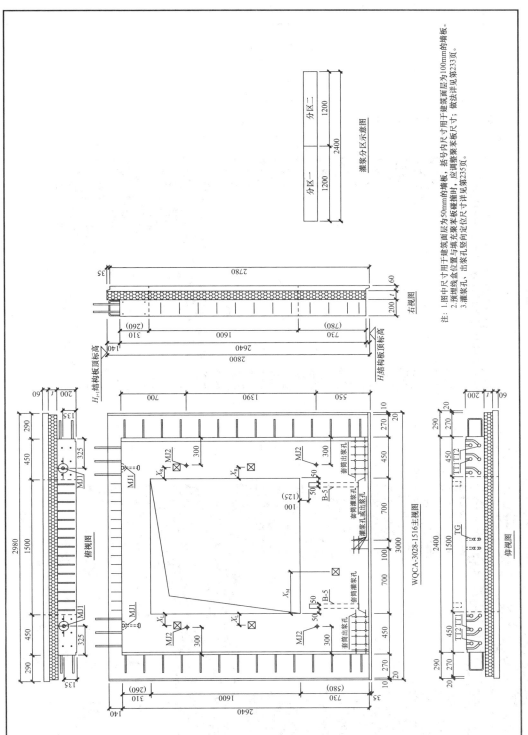

图1-25 内叶板WQCA-3028-1516模板图

预埋件明细表		表 1-21
编号	名称	数量
MJ1	吊件	2
MJ2	临时支撑预埋螺母	4
B-5	填充用聚苯板	2
TT1/TT2	套筒组件	6/6
TG	套管组件	2

5. 录入构件原材料用量

将构件所需原材料用量逐一录入系统，如图 1-26 所示。

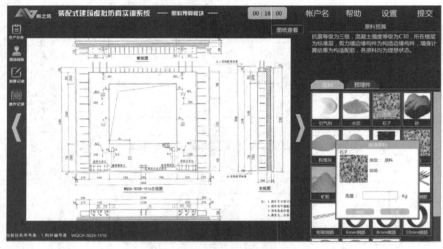

图 1-26　原材料用量录入

6. 任务提交

待任务列表内所有任务操作完毕后，即可进行系统提交（若计划尚未操作完毕，但是到达练习考核时间，系统会自动提交），如图 1-27 所示。

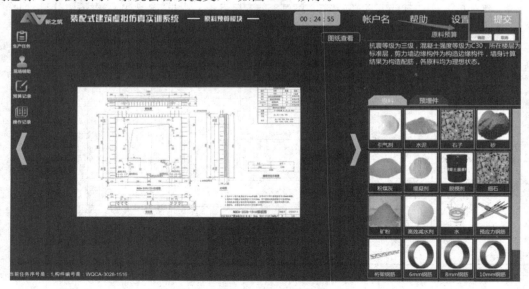

图 1-27　任务提交

7. 成绩查询及考核报表导出

登录管理端，即可查询操作成绩及导出详细操作报表（总成绩、操作成绩、操作记录、评分记录等），如图 1-28、图 1-29 所示。

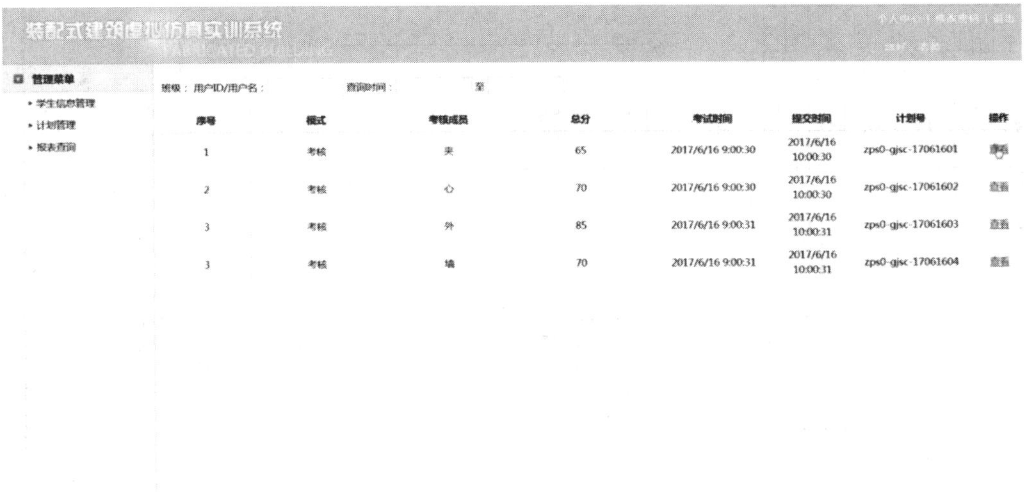

图 1-28　考核成绩查询

【装配式建筑虚拟仿真软件】报表						
考号	15001		考生姓名	张三	制表日期	2017/6/16
开始时间	2017/6/16 9:00		结束时间	2017/6/16 10:00	操作模式	考核模式
成绩汇总表						
操作模块			构件浇筑			
考核总分	100		考试得分	65	备注	

生产结果信息									
构件序号	构件编号	构件类型	工况设置情况	工况解决情况	生产完成情况	操作时长（秒）	原料预算得分	富余量得分	总得分
001	WQCA-3028-1516	预制夹心外墙板	无	无	完成	655	3.8	1.2	5
002	WQCA-3028-1516	预制夹心外墙板	无	无	完成	655	3.9	4	7.9
003	WQ-2728	预制夹心外墙板	无	无	完成	655	3.1	4	7.1
004	WQCA-3628-1823	预制夹心外墙板	无	无	完成	689	4	1	5
005	DBS1-67-5112-11	预制叠合板	无	无	完成	420	5.5	2.2	7.7
006	DBS1-68-5112-11	预制叠合板	无	无	完成	451	4	2.5	6.5
007	DBS1-68-5112-31	预制叠合板	无	无	完成	450	5.8	2	7.8
008	QNM3-2128-0921	预制内墙板	无	无	完成	488	4.3	2.6	6.9
009	NQ-1828	预制内墙板	无	无	完成	503	4.6	1.5	6.1
010	QNM2-2128-0921	预制内墙板	无	无	未完成	499	5	0	5

图 1-29　详细考核报表

1.1.4　知识拓展

图 1-30 为 WQ-2728 配筋图，已知工程结构抗震等级为二级，标准层层高 2800mm，内叶板 WQ-2728 厚度 200mm，建筑面层为 50mm，混凝土设计强度等级为 C30，使用强度等级为 42.5 的普通硅酸盐水泥，设计配合比为：1∶1.4∶2.6∶0.55（其中水泥用量为 429kg），现场砂含水率为 3%，石子含水率为 2%。WQ-2728 原料计算如下：

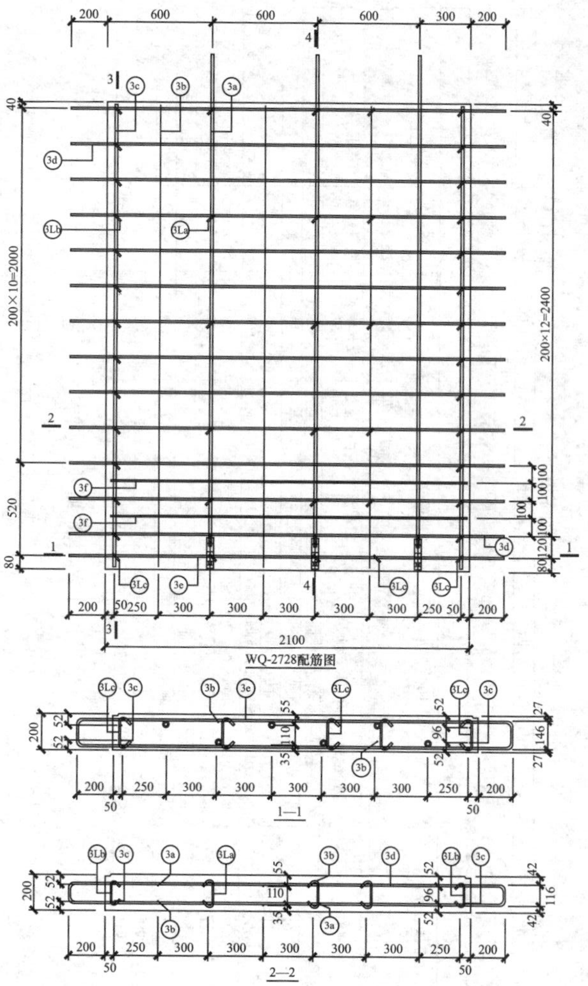

WQ-2728 钢筋表

钢筋类型		钢筋编号	一级	二级	三级	四级非抗震	钢筋加工尺寸	备注
混凝土墙	竖向筋	3a	6Φ16	6Φ16	6Φ16	–	23 2466 290	一端车丝长度23
			–	–	–	6Φ14	21 2484 275	一端车丝长度21
		3b	6Φ6	6Φ6	6Φ6	6Φ6	2610	
		3c	4Φ12	4Φ12	4Φ12	4Φ12	2610	
	水平筋	3d	13Φ8	13Φ8	13Φ8	13Φ8	116 200 2100 200 116	
		3e	1Φ8	1Φ8	1Φ8	1Φ8	146 200 2100 200 146	
		3f	2Φ8	2Φ8	2Φ8	2Φ8	116 2050 116	
	拉筋	3La	Φ6@600	Φ6@600	Φ6@600	Φ6@600	30 130 30	
		3Lb	26Φ6	26Φ6	26Φ6	26Φ6	30 124 30	
		3Lc	5Φ6	5Φ6	5Φ6	5Φ6	30 154 30	

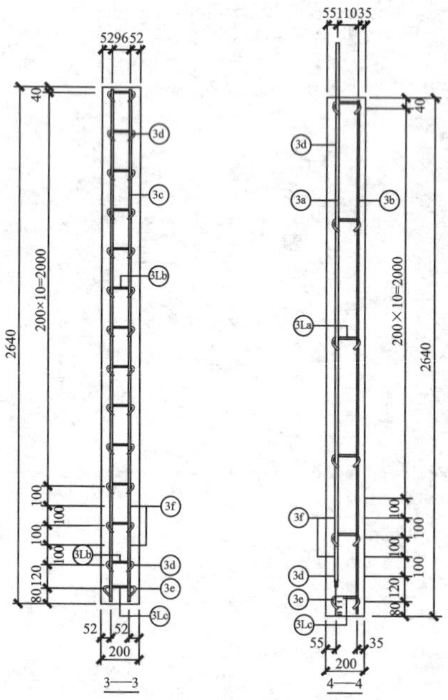

图1-30　WQ-2728配筋图

（1）钢筋算量

1）竖向筋

竖向筋③a：6 根直径 16mm 的三级钢，每根长度：23＋2466＋290＝2779mm。

竖向筋③b：6 根直径 6mm 的三级钢，每根长度：2610mm。

竖向筋③c：4 根直径 12mm 的三级钢，每根长度：2610mm。

2）水平筋

水平筋③d：直径为 8mm 的三级钢，数量 13，每根长度：（200＋2100＋200）×2＋116×2＝5232mm。

水平筋③e：直径为 8mm 的三级钢，数量 1，每根长度：（200＋2100＋200）×2＋146×2＝5292mm。

水平筋③f：直径为 8mm 的三级钢，数量 2，每根长度：2050×2＋116×2＝4332mm。

3）拉筋

拉筋③La：15 根直径 6mm 的三级钢，每根长度：30＋130＋30＝190mm。

拉筋③Lb：26 根直径 6mm 的三级钢，每根长度：30＋124＋30＝184mm。

拉筋 3 ③Lc：5 根直径 6mm 的三级钢，每根长度：30＋154＋30＝214mm。

4）各类钢筋尺寸合计

内叶板 WQ-2728 采用的钢筋均为三级钢，其中：

直径 6mm 的钢筋尺寸合计：2610×6＋190×15＋184×26＋214×5＝24364mm＝24.36m。

直径 8mm 的钢筋尺寸合计：5232×13＋5292＋4332×2＝81972mm＝81.97m。

直径 12mm 的钢筋尺寸合计：2610×4＝10440mm＝10.44m。

直径 16mm 的钢筋尺寸合计：2779×6＝16674mm＝16.67m。

5）各类钢筋质量计算

由表 1-8 得知，直径 6mm 的钢筋理论质量为 0.222kg/m；直径 8mm 的钢筋理论质量为 0.395kg/m；直径 12mm 的钢筋理论质量为 0.888kg/m；直径 16mm 的钢筋理论质量为 1.578kg/m。

直径 6mm 的三级钢用量：0.222×24.36＝5.41kg

直径 8mm 的三级钢用量：0.395×81.97＝32.38kg

直径 12mm 的三级钢用量：0.888×10.44＝9.27kg

直径 16mm 的三级钢用量：1.578×16.67＝26.31kg

（2）混凝土各组成材料用量计算

1）混凝土配合比计算

混凝土设计配比为 1:1.4:2.6:0.55，其中水泥质量为 429kg，则设计配合比 $1m^3$ 混凝土各组成材料的用量分别为：$m_c＝429kg$，$m_s＝602kg$，$m_g＝1115kg$，$m_w＝236kg$。现场砂含水率为 3%，石子含水率为 2%，施工配比为：

$$m'_c＝429kg$$

$$m'_s＝602(1＋0.03)＝620kg$$

$$m'_g＝1115(1＋0.02)＝1137kg$$

$$m'_w＝236－602×0.03－1115×0.02＝196kg$$

2）混凝土工程量计算

① 构件体积

图 1-31 所示为 WQ-2728 示意图，内叶板 WQ-2728 厚度为 200mm，建筑面层为 50mm，根据表 1-22 取 $L_q=2100$mm，$h_q=2640$mm，WQ-2728 体积为：

$2.1 \times 2.64 \times 0.2 = 1.10$m³

② 混凝土工程量

根据表 1-19 列出的预制钢筋混凝土构件制作、运输、安装过程的损耗率，混凝土工程量计算如下：

混凝土预制构件制作工程量＝预制构件图示实体体积×（1＋1.5％）＝1.10×（1＋1.5％）＝1.12m³

3）混凝土各组成材料用量

内叶板 WQ-2728 中混凝土各组成材料用量如下：

水泥用量＝429×1.12＝480.48kg；砂用量＝620×1.12＝694.4kg；石子用量＝1137×1.12＝1273.44kg；水的用量＝196×1.12＝219.52kg

（3）预埋件用量

由图 1-32 所示内叶板 WQ-2728 模板图可知构件所用预埋件，见表 1-23。

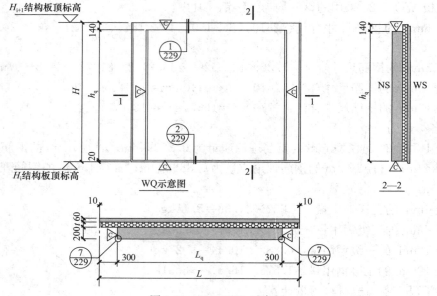

图 1-31　WQ-2728 示意图

WQ 选用表　　　　　　　　　　　　　　　　　　　　　　　　　表 1-22

层高 H（mm）	墙板编号	标志宽度 L（mm）	L_q（mm）	h_q（mm）
2800	WQ-2728	2700	2100	2640
	WQ-3028	3000	2400	
	WQ-3328	3300	2700	
	WQ-3628	3600	3000	
	WQ-3928	3900	3300	
	WQ-4228	4200	3600	
	WQ-4528	4500	3900	

续表

层高 H （mm）	墙板编号	标志宽度 L （mm）	L_q （mm）	h_q （mm）
2900	WQ-2729	2700	2100	2740
	WQ-3029	3000	2400	
	WQ-3329	3300	2700	
	WQ-3629	3600	3000	
	WQ-3929	3900	3300	
	WQ-4229	4200	3600	
	WQ-4529	4500	3900	
3000	WQ-2730	2700	2100	2840
	WQ-3030	3000	2400	
	WQ-3330	3300	2700	
	WQ-3630	3600	3000	
	WQ-3930	3900	3300	
	WQ-4230	4200	3600	
	WQ-4530	4500	3900	

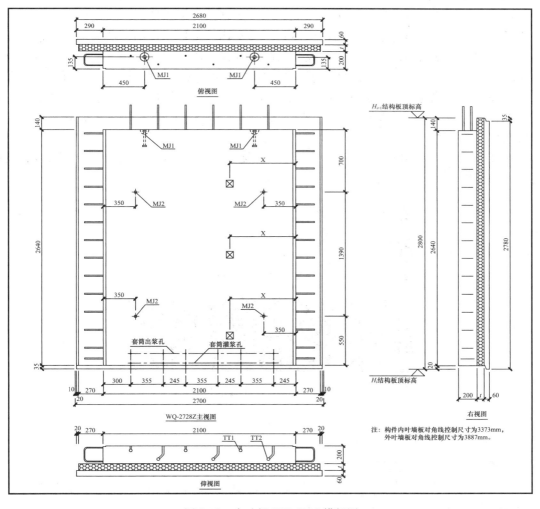

图 1-32　内叶板 WQ-2728 模板图

预埋件明细表		表 1-23
编号	名称	数量
MJ1	吊件	2
MJ2	临时支撑预埋螺母	4
TT1/TT2	套筒组件	3/3

实例 1.2　预制混凝土板原料计算

1.2.1　实例分析

构件生产厂技术员李某接到某工程预制钢筋混凝土叠合板的生产任务，其中一块双向受力叠合板用底板选自标准图集 15G366-1《桁架钢筋混凝土叠合板（60mm 厚底板）》，编号为 DBS2-67-3012-11。

该板所属工程为政府保障性住房，位于××西侧，××北侧，××南侧，××东侧。工程采用装配整体式混凝土剪力墙结构体系，预制构件包括：预制夹心外墙、预制内墙、预制叠合楼板、预制楼梯、预制阳台板及预制空调板。该工程地上 11 层，地下 1 层，标准层层高 2800mm，抗震设防烈度 7 度，结构抗震等级三级。叠合板底板 DBS2-67-3012-11 板厚 60mm，混凝土设计强度等级为 C30，使用强度等级为 42.5 级的普通硅酸盐水泥，设计配合比为：1：1.4：2.6：0.55（其中水泥用量为 429kg），现场砂含水率为 2%，石子含水率为 3%。

李某现需结合标准图集及工程特点计算 DBS2-67-3012-11 所需钢筋及混凝土各组成材料用量，其构件示意图如图 1-33 所示。

图 1-33　预制混凝土板示意图

1.2.2　相关知识

1. 叠合楼盖平面布置图

图 1-34 所示为叠合楼盖平面布置图，主要包括预制底板平面布置图、现浇层配筋图、水平后浇带或圈梁布置图。

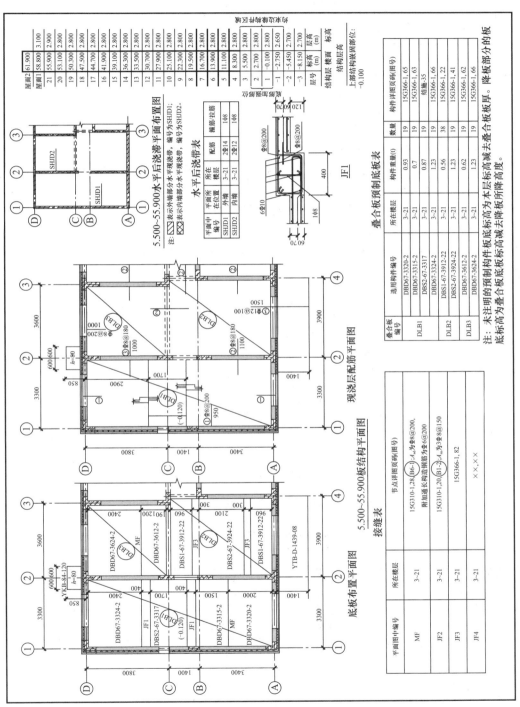

图1-34　叠合楼盖平面布置图示例

所有叠合板板块应逐一编号，相同编号的板块可择其一做集中标注，其他仅注写置于圆圈内的板编号。叠合板编号，由叠合板代号和序号组成，表达形式见表1-24。如DLB3，表示楼板为叠合板，序号为3；DWB2，表示屋面板为叠合板，序号为2；DXB1，表示悬挑板为叠合板，序号为1。

叠合板编号表 表1-24

叠合板类型	代号	序号
叠合楼面板	DLB	××
叠合屋面板	DWB	××
叠合悬挑板	DXB	××

预制底板平面布置图中需要标注叠合板编号、预制底板编号、各块预制底板尺寸和定位。预制底板为单向板时，需标注板边调节缝和定位；预制底板为双向板时还应标注接缝尺分和定位；当板面标高不同时，标注底板标高高差，下降为负。

预制底板表中需要标明编号、板块内的预制底板编号及其与叠合板编号的对应关系、所在量和数量、构件详图页码（自行设计构件为图号）、构件设计补充内容（线盒、留洞位置等）。

2. 预制底板的标注

叠合板底板的类型包括单向板和双向板。标准图集15G366-1《桁架钢筋混凝土叠合板（60mm）厚底板》中列出了桁架钢筋混凝土叠合板用底板的编号规则。

（1）桁架钢筋混凝土叠合板用底板（单向板）

桁架钢筋混凝土叠合板用底板（单向板）的编号如图1-35所示。

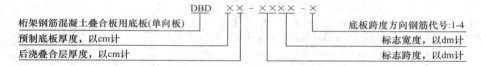

图 1-35 单向叠合板用底板编号

单向板底板钢筋编号及宽度、跨度见表1-25、表1-26。

单向板底板钢筋编号表 表1-25

代号	1	2	3	4
受力钢筋规格及间距	φ8@200	φ8@150	φ10@200	φ10@150
分布钢筋规格及间距	φ6@200	φ6@200	φ6@200	φ6@200

单向板底板宽度及跨度表 表1-26

宽度	标志宽度（mm）	1200	1500	1800	2000	2400
	实际宽度（mm）	1200	1500	1800	2000	2400
跨度	标志跨度（mm）	2700	3000	3300	3600	3900	4200
	实际跨度（mm）	2520	2820	3120	3420	3720	4020

例如，底板编号DBD67-3620-2，表示为单向受力叠合板用底板，预制底板厚度为60mm，后浇叠合层厚度为70mm，预制底板的标志跨度为3600mm，预制底板的标志宽度

为 2000mm，底板跨度方向配筋为Φ8@150。

（2）桁架钢筋混凝土叠合板用底板（双向板）

桁架钢筋混凝土叠合板用底板（双向板）的编号如图 1-36 所示。

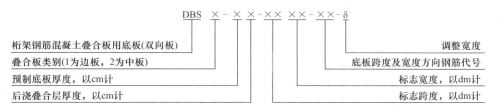

图 1-36　双向叠合板用底板编号

双向板底板宽度、跨度及钢筋编号见表 1-27、表 1-28。

双向板底板宽度及跨度表　表 1-27

	标志宽度（mm）	1200	1500	1800	2000	2400
宽度	边板实际宽度（mm）	960	1260	1560	1760	2160
	中板实际宽度（mm）	900	1200	1500	1700	2100
跨度	标志跨度（mm）	3000	3300	3600	3900	4200	4500
	实际跨度（mm）	2820	3120	3420	3720	4020	4320
	标志跨度（mm）	4800	5100	5400	5700	6000	—
	实际跨度（mm）	4620	4920	5220	5520	5820	—

双向板底板跨度、宽度方向钢筋代号组合表　表 1-28

编号　　跨度方向钢筋 宽度方向钢筋	Φ8@200	Φ8@150	Φ10@200	Φ10@150
Φ8@200	11	21	31	41
Φ8@150	—	22	32	42
Φ8@100	—	—	—	43

例如，底板编号 DBS1-67-3620-31，表示双向受力叠合板用底板，拼装位置为边板，预制底板厚度为 60mm，后浇叠合层厚度为 70mm，预制底板的标志跨度为 3600mm，预制底板的标志宽度为 2000mm，底板跨度方向配筋为Φ10@200，底板宽度方向配筋为Φ8@200。

底板编号 DBS2-67-3620-31，表示双向受力叠合板用底板，拼装位置为中板，预制底板厚度为 60mm，后浇叠合层厚度为 70mm，预制底板的标志跨度为 3600mm，预制底板的标志宽度为 2000mm，底板跨度方向配筋为Φ10@200，底板宽度方向配筋为Φ8@200。

3. 钢筋桁架规格及代号

图 1-37 为钢筋桁架剖面图，其规格及代号见表 1-29。

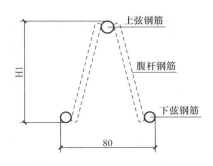

图 1-37　钢筋桁架剖面图

桁架规格 代号	上弦钢筋公称 直径（mm）	下弦钢筋 公称直径（mm）	腹杆钢筋 公称直径（mm）	桁架设计 高度（mm）	桁架每延米理论 重量（kg/m）
A80	8	8	6	80	1.76
A90	8	8	6	90	1.79
A100	8	8	6	100	1.82
B80	10	8	6	80	1.98
B90	10	8	6	90	2.01
B100	10	8	6	100	2.04

钢筋桁架规格及代号表　　　　　　表 1-29

1.2.3　任务实施

以标准图集 15G366-1《桁架钢筋混凝土叠合板（60mm 厚底板）》中编号为 DBS2-67-3012-11 桁架钢筋混凝土叠合板为实例通过装配式建筑虚拟仿真实训软件进行仿真操作。

1-2　叠合板
二维展示

1. 练习或考核计划下达

计划下达分两种情况，第一种：练习模式下学生根据学习需求自定义下达计划。第二种：考核模式下教师根据教学计划及检查学生掌握情况下达计划并分配给指定学生进行训练或考核，如图 1-38、图 1-39 所示。

2. 登录系统查询操作任务

（1）输入用户名及密码登录系统，如图 1-40 所示。

（2）登录系统后查询生产任务，根据任务列表，明确任务内容，如图 1-41 所示。

图 1-38　学生自主下达计划

图 1-39　教师下达计划

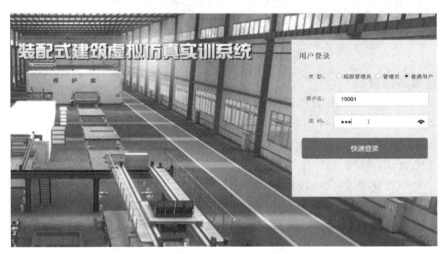

图 1-40　系统登录

图 1-41　生产任务列表

3. 发送新任务请求，领取生产任务

发送新任务请求，如图 1-42 所示，领取 DBS2-67-3012-11 的生产任务，明确任务内容。

图 1-42　新任务请求

4. 构件原料计算

图 1-43 所示为 1200mm 宽的双向板底板中板模板及配筋图，结合图集及工程特点进行构件 DBS2-67-3012-11 原料计算如下：

（1）钢筋算量

1）底板配筋用量

根据图 1-43 中的配筋表，计算①②③号钢筋：

① 配筋尺寸

①号钢筋：14 根直径 8mm 的三级钢，每根长度：$40 \times 2 + 1480 = 1560$mm。

②号钢筋：4 根直径 8mm 的三级钢，每根长度：3000mm。

③号钢筋：2 根直径 6mm 的三级钢，每根长度：850mm。

② 配筋尺寸合计：

8mm 的三级钢：$1560 \times 14 + 3000 \times 4 = 33840mm= 33.84$m。

6mm 的三级钢：$850 \times 2 = 1700$mm$= 1.7$m。

③ 配筋质量：

由表 1-8 可知，直径 6mm 的钢筋理论质量为 0.222kg/m；直径 8mm 的钢筋理论质量为 0.395kg/m。

6mm 的三级钢质量：$0.222 \times 1.7 = 0.38$kg。

8mm 的三级钢质量：$0.395 \times 33.84 = 13.37$kg。

2）桁架钢筋用量

根据图 1-43 中的底板参数表，叠合板底板 DBS2-67-3012-11 选用编号为 A80 的桁架，桁架长度 2720mm，桁架重量 4.79kg。根据表 1-29 可知 A80 桁架的上弦和下弦钢筋均采用直径为 8mm 的三级钢，腹杆钢筋采用直径为 6mm 的一级钢。

桁架中 8mm 的三级钢总长：$2720 \times 3 = 8160$mm$= 8.16$m。

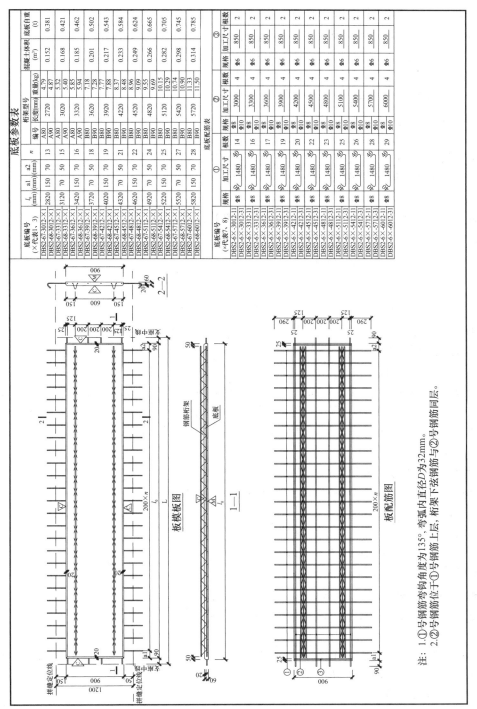

底板参数表

底板编号 (×代表Y、3)	l_0 (mm)	a1 (mm)	a2 (mm)	n	桁架型号 编号	桁架型号 长度(mm)	桁架型号 重量(kg)	混凝土体积 (m³)	底板自重 (t)
DBS2-67-3012-×1	2820	150	70	13	A80	2720	4.79	0.152	0.381
DBS2-68-3012-×1	3120	70	50	15	A90	3020	4.87	0.168	0.421
DBS2-68-3312-×1					A80		5.32		
DBS2-67-3312-×1					A90		5.40		
DBS2-67-3612-×1	3420	150	70	16	A80	3320	5.85	0.185	0.462
DBS2-68-3612-×1					A90		5.94		
DBS2-67-3912-×1	3720	70	50	18	B80	3620	7.18	0.201	0.502
DBS2-68-3912-×1					B90		7.28		
DBS2-67-4212-×1	4020	150	70	19	B80	3920	7.77	0.217	0.543
DBS2-68-4212-×1					B90		7.88		
DBS2-67-4512-×1	4320	70	50	21	B80	4220	8.37	0.233	0.584
DBS2-68-4512-×1					B90		8.48		
DBS2-67-4812-×1	4620	150	70	22	B80	4520	8.96	0.249	0.624
DBS2-68-4812-×1					B90		9.09		
DBS2-67-5112-×1	4920	70	50	24	B80	4820	9.55	0.266	0.665
DBS2-68-5112-×1					B90		9.69		
DBS2-67-5412-×1	5220	150	70	25	B80	5120	10.15	0.282	0.705
DBS2-68-5412-×1					B90		10.29		
DBS2-67-5712-×1	5520	70	50	27	B80	5420	10.74	0.298	0.745
DBS2-68-5712-×1					B90		10.90		
DBS2-67-6012-×1	5820	150	70	28	B80	5720	11.33	0.314	0.785
DBS2-68-6012-×1					B90		11.50		

底板配筋表

底板编号 (×代表7、8)	① 规格	① 加工尺寸	② 规格	② 根数	② 加工尺寸	② 根数	③ 规格	③ 加工尺寸	③ 根数
DBS2-6×-3012-11	⌀8	1480	⌀8 ⌀10	14	3000	4	⌀6	850	2
DBS2-6×-3012-31									
DBS2-6×-3312-11	⌀8	1480	⌀8 ⌀10	16	3300	4	⌀6	850	2
DBS2-6×-3312-31									
DBS2-6×-3612-11	⌀8	1480	⌀8 ⌀10	17	3600	4	⌀6	850	2
DBS2-6×-3612-31									
DBS2-6×-3912-11	⌀8	1480	⌀8 ⌀10	19	3900	4	⌀6	850	2
DBS2-6×-3912-31									
DBS2-6×-4212-11	⌀8	1480	⌀8 ⌀10	20	4200	4	⌀6	850	2
DBS2-6×-4212-31									
DBS2-6×-4512-11	⌀8	1480	⌀8 ⌀10	22	4500	4	⌀6	850	2
DBS2-6×-4512-31									
DBS2-6×-4812-11	⌀8	1480	⌀8 ⌀10	23	4800	4	⌀6	850	2
DBS2-6×-4812-31									
DBS2-6×-5112-11	⌀8	1480	⌀8 ⌀10	25	5100	4	⌀6	850	2
DBS2-6×-5112-31									
DBS2-6×-5412-11	⌀8	1480	⌀8 ⌀10	26	5400	4	⌀6	850	2
DBS2-6×-5412-31									
DBS2-6×-5712-11	⌀8	1480	⌀8 ⌀10	28	5700	4	⌀6	850	2
DBS2-6×-5712-31									
DBS2-6×-6012-11	⌀8	1480	⌀8 ⌀10	29	6000	4	⌀6	850	2
DBS2-6×-6012-31									

图1-43　1200mm 宽的双向板底板中板模板及配筋图

注：1. ①号钢筋弯钩角度为135°，弯弧内直径D为32mm。
2. ②号钢筋位于①号钢筋上层，桁架下弦钢筋与②号钢筋同层。

71

由表 1-8 可知，直径 8mm 的钢筋理论质量为 0.395kg/m。

桁架中 8mm 的三级钢质量：$0.395 \times 8.16 = 3.22$kg

桁架中 6mm 的一级钢质量：$4.79 - 3.22 = 1.57$kg

3）叠合板底板 DBS2-67-3012-11 钢筋总用量：

8mm 的三级钢：$13.37 + 3.22 = 16.59$kg

6mm 的三级钢：0.38kg

6mm 的一级钢：1.57kg

（2）混凝土各组成材料用量计算

1）混凝土配合比计算

混凝土设计配合比为 1∶1.4∶2.6∶0.55，其中水泥质量为 429kg，则设计配合比 $1m^3$ 混凝土各组成材料的用量分别为：

$m_c = 429$kg，$m_s = 602$kg，$m_g = 1115$kg，$m_w = 236$kg。

现场砂含水率为 2%，石子含水率为 3%，施工配比为：

$$m'_c = 429\text{kg}$$
$$m'_s = 602(1 + 0.02) = 614\text{kg}$$
$$m'_g = 1115(1 + 0.03) = 1148\text{kg}$$
$$m'_w = 236 - 602 \times 0.02 - 1115 \times 0.03 = 191\text{kg}$$

2）混凝土工程量

叠合板底板 DBS2-67-3012-11 板厚 60mm，根据图 1-43 所示模板图，可知其体积为：$2.82 \times 0.9 \times 0.06 = 0.152m^3$

根据表 1-19 列出的预制钢筋混凝土构件制作、运输、安装过程的损耗率，混凝土工程量计算如下：

混凝土预制构件制作工程量＝预制构件图示实体体积×（1＋1.5%）＝0.152×（1＋1.5%）＝0.154m^3

3）混凝土各组成材料用量

叠合板底板 DBS2-67-3012-11 中混凝土各组成材料用量如下：

水泥用量＝429×0.154＝66.07kg

砂子用量＝614×0.154＝94.56kg

石子用量＝1148×0.154＝176.79kg

水的用量＝191×0.154＝29.41kg

5. 录入构件原材料用量

将构件所需原材料用量逐一录入系统，如图 1-44 所示。

6. 任务提交

待任务列表内所有任务操作完毕后，即可进行系统提交（若计划尚未操作完毕，但是到达练习考核时间，系统会自动提交），如图 1-45 所示。

7. 成绩查询及考核报表导出

登录管理端，即可查询操作成绩及导出详细操作报表（总成绩、操作成绩、操作记录、评分记录等），如图 1-46、图 1-47 所示。

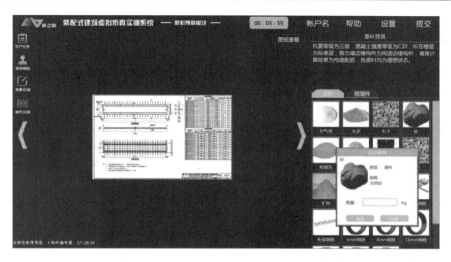

图 1-44　原材料用量录入

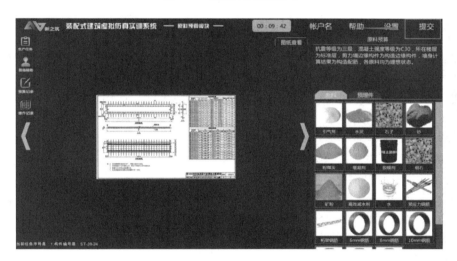

图 1-45　任务提交

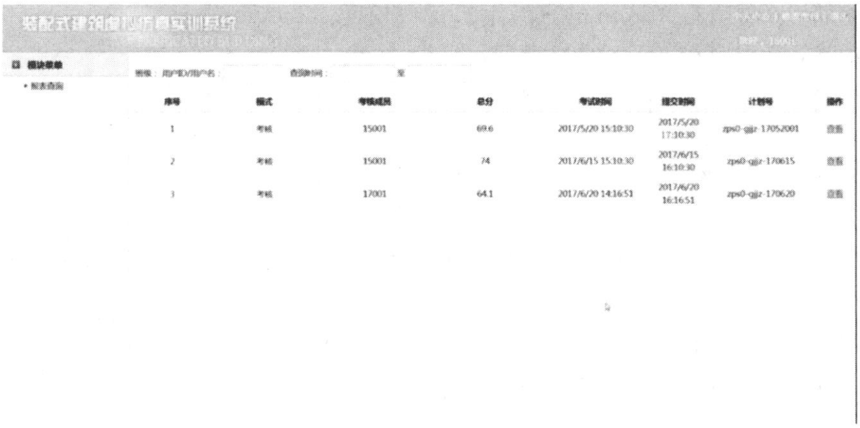

图 1-46　考核成绩查询

【装配式建筑虚拟仿真软件】报表					
考号	15001	考生姓名	张三	制表日期	2017/5/20
开始时间	2017/5/20 15:10	结束时间	2017/5/20 17:10	操作模式	考核模式
成绩汇总表					
操作模块		原料预算			
考核总分	100	考试得分	69.9	备注	

生产结果信息								
构件序号	构件编号	构件类型	工况设置情况	工况解决情况	生产完成情况	操作时长（秒）	构件预算得分	富余量得分	总得分
001	DBS1-67-5112-11	预制叠合板	无	无	完成	420	7.5	1.2	8.7
002	DBS1-68-5112-11	预制叠合板	无	无	完成	451	7	1.5	8.5
003	DBS1-68-5112-31	预制叠合板	无	无	完成	450	7.8	2	9.8
004	WQCA-3628-1823	预制夹心外墙板	无	无	未完成	689	7.2	0	7.2
005	QNM3-2128-0921	预制内墙板	无	无	完成	488	7.3	1.6	8.9
006	NQ-1828	预制内墙板	无	无	完成	503	7.6	1.5	9.1
007	WQCA-3028-1516	预制夹心外墙板	无	无	完成	655	6.9	2.7	9.6
008	WQ-2728	预制夹心外墙板	无	无	完成	655	6.1	2	8.1

综合信息 生产计划 操作记录 评分记录

图 1-47 详细考核报表

1.2.4 知识拓展

标准图集 15G366-1《桁架钢筋混凝土叠合板（60mm 厚底板）》中单向板 DBD68-2712-3 原料计算。

该叠合板底板板厚 60mm，混凝土设计强度等级为 C30，使用强度等级为 42.5 级的普通硅酸盐水泥，设计配合比为：1：1.4：2.6：0.55（其中水泥用量为 429kg），现场砂含水率为 1%，石子含水率为 1.5%。

图 1-48 所示为 1200mm 宽的单向板底板模板及配筋图，结合图集及工程特点进行构件 DBD68-2712-3 原料计算如下：

1. 钢筋算量

（1）底板配筋用量

根据图 1-48 中的配筋表，计算①②③号钢筋：

1）配筋尺寸

①号钢筋：13 根直径 6mm 的三级钢，每根长度：1170mm。

②号钢筋：6 根直径 10mm 的三级钢，每根长度：2700mm。

③号钢筋：2 根直径 6mm 的三级钢，每根长度：1170mm。

2）配筋尺寸合计

直径 6mm 的三级钢：1170×13＋1170×2＝17550mm＝17.55m。

直径 10mm 的三级钢：2700×6＝16200mm＝16.2m。

3）配筋质量

由表 1-8 得知，直径 6mm 的钢筋理论质量为 0.222kg/m；直径 10mm 的钢筋理论质量为 0.617kg/m。

直径 6mm 的三级钢质量：0.222×17.55＝3.90kg

直径 10mm 的三级钢质量：0.617×16.2＝10kg

（2）桁架钢筋用量

根据图 1-48 中的底板参数表，叠合板底板选用编号为 A90 的桁架，桁架长度 2420mm，

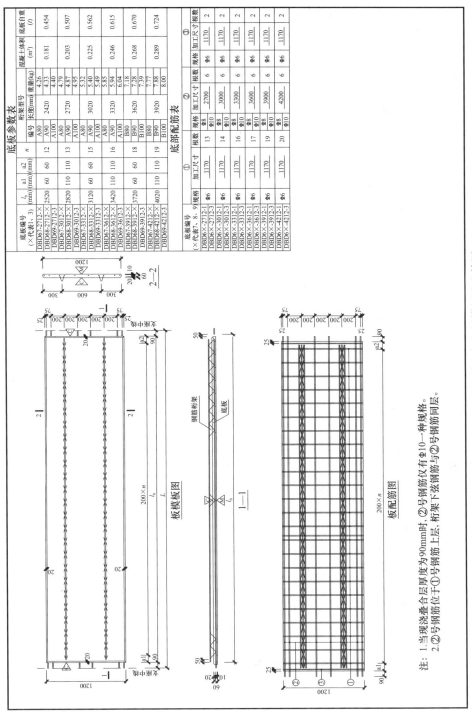

底板参数表

底板编号(×代表1、3)	l₀(mm)	a1(mm)	a2(mm)	n	桁架型号 编号	长度(mm)	重量(kg)	混凝土体积(m³)	底板自重(t)
DBD67-2712-×	2520	60	60	12	A80	2420	4.26	0.181	0.454
DBD68-2712-×					A90		4.33		
DBD69-2712-3					A100		4.40		
DBD67-3012-×	2820	110	110	13	A80	2720	4.79	0.203	0.507
DBD68-3012-×					A90		4.87		
DBD69-3012-3					A100		4.95		
DBD67-3312-×	3120	60	60	15	A80	3020	5.32	0.225	0.562
DBD68-3312-×					A90		5.40		
DBD69-3312-3					A100		5.49		
DBD67-3612-×	3420	110	110	16	A80	3320	5.85	0.246	0.615
DBD68-3612-×					A90		5.94		
DBD69-3612-3					A100		6.04		
DBD67-3912-×	3720	60	60	18	B80	3620	7.18	0.268	0.670
DBD68-3912-×					B90		7.28		
DBD69-3912-3					B100		7.39		
DBD67-4212-×	4020	110	110	19	B80	3920	7.77	0.289	0.724
DBD68-4212-×					B90		7.88		
DBD69-4212-3					B100		8.00		

底部配筋表

底板编号(×代表7、8、9)	① 规格	① 加工尺寸	① 根数	② 规格	② 加工尺寸	② 根数	③ 规格	③ 加工尺寸	③ 根数
DBDx-2712-1 DBDx-2712-3	Φ6	1170	6	Φ8 Φ10	2700	13	Φ6	1170	2
DBDx-3012-1 DBDx-3012-3	Φ6	1170	6	Φ8 Φ10	3000	14	Φ6	1170	2
DBDx-3312-1 DBDx-3312-3	Φ6	1170	6	Φ8 Φ10	3300	16	Φ6	1170	2
DBDx-3612-1 DBDx-3612-3	Φ6	1170	6	Φ8 Φ10	3600	17	Φ6	1170	2
DBDx-3912-1 DBDx-3912-3	Φ6	1170	6	Φ8 Φ10	3900	19	Φ6	1170	2
DBDx-4212-1 DBDx-4212-3	Φ6	1170	6	Φ8 Φ10	4200	20	Φ6	1170	2

板模板图

1—1

钢筋桁架

底板

2—2

板配筋图

注:1.当现浇叠合层厚度为90mm时,②号钢筋仅有Φ10一种规格。
2.②号钢筋位于①号钢筋上层,桁架下弦钢筋与②号钢筋同层。

图1-48 1200mm宽的单向板底板模板及配筋图

桁架重量 4.33kg。根据表 1-29，A90 桁架的上弦和下弦钢筋均采用直径为 8mm 的三级钢，腹杆钢筋采用直径为 6mm 的一级钢。

桁架中直径 8mm 的三级钢总长：$2420 \times 3 = 7260mm = 7.26m$。

由表 1-8 可知，直径 8mm 的钢筋理论质量为 0.395kg/m。

桁架中直径 8mm 的三级钢质量：$0.395 \times 7.26 = 2.87kg$

桁架中直径 6mm 的一级钢质量：$4.33 - 2.87 = 1.46kg$

(3) 叠合板底板 DBD68-2712-3 钢筋总用量：

直径 10mm 的三级钢：10kg

直径 8mm 的三级钢：2.87kg

直径 6mm 的三级钢：3.90kg

直径 6mm 的一级钢：1.46kg

2. 混凝土各组成材料用量计算

(1) 混凝土配合比计算

混凝土设计配合比为 1∶1.4∶2.6∶0.55，其中水泥质量为 429kg，则设计配合比 $1m^3$ 混凝土各组成材料的用量分别为：

$m_c = 429kg$，$m_s = 602kg$，$m_g = 1115kg$，$m_w = 236kg$。

现场砂含水率为 1%，石子含水率为 1.5%，施工配比为：

$$m_c' = 429kg$$
$$m_s' = 602(1 + 0.01) = 608kg$$
$$m_g' = 1115(1 + 0.015) = 1132kg$$
$$m_w' = 236 - 602 \times 0.01 - 1115 \times 0.015 = 213kg$$

(2) 混凝土工程量

叠合板底板 DBD68-2712-3 板厚 60mm，根据图 1-48 中其模板图，可知体积为：$2.52 \times 1.2 \times 0.06 = 0.18m^3$

根据表 1-19 列出的预制钢筋混凝土构件制作、运输、安装过程的损耗率，混凝土工程量计算如下：

混凝土预制构件制作工程量＝预制构件图示实体体积$\times (1 + 1.5\%) = 0.18 \times (1 + 1.5\%) = 0.183m^3$

(3) 混凝土各组成材料用量

叠合板底板 DBD68-2712-3 中混凝土各组成材料用量如下：

水泥用量＝$429 \times 0.183 = 78.5kg$

砂用量＝$608 \times 0.183 = 111.26kg$

石子用量＝$1132 \times 0.183 = 207.16kg$

水的用量＝$213 \times 0.183 = 38.98kg$

实例 1.3　预制混凝土楼梯原料计算

1.3.1　实例分析

构件生产厂技术员张某接到某工程预制钢筋混凝土楼梯的生产任务，其中一块预制双跑楼梯选自标准图集 15G367-1《预制钢筋混凝土板式楼梯》，编号为 ST-28-24。

该楼梯所属工程为政府保障性住房，位于××西侧，××北侧，××南侧，××东侧。工程采用装配整体式混凝土剪力墙结构体系，预制构件包括：预制夹心外墙、预制内墙、预制叠合楼板、预制楼梯、预制阳台板及预制空调板。该工程地上 11 层，地下 1 层，标准层层高 2800mm，抗震设防烈度 7 度，结构抗震等级三级。楼梯 ST-28-24，混凝土设计强度等级为 C30，使用强度等级为 42.5 级的普通硅酸盐水泥，设计配合比为：1∶1.4∶2.6∶0.55（其中水泥用量为 429kg），现场砂含水率为 2.5%，石子含水率为 3%。

张某现需结合标准图集及工程特点计算 ST-28-24 所需钢筋、混凝土各组成材料及预埋件的用量，其构件示意图如图 1-49 所示。

图 1-49　楼梯构件示意图

1.3.2　相关知识

1. 板式楼梯

板式楼梯是指由梯段板承受该梯段的全部荷载，并将荷载传递至两端的平台梁上的钢筋混凝土楼梯，如图 1-50 所示。

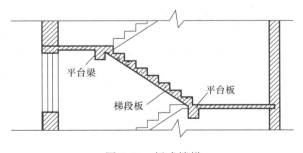

图 1-50　板式楼梯

2. 钢筋混凝土板式楼梯平面布置图

预制钢筋混凝土板式楼梯平面布置图注写内容包括楼梯间的平面尺寸、楼层结构标高、楼梯的上下方向、预制梯板的平面几何尺寸、梯板类型及编号、定位尺寸和连接作法索引号等。

如图1-51所示的楼梯平面布置图中，选用了编号为ST-28-24的预制混凝土板式双跑楼梯，建筑层高2800mm，楼梯间净宽2400mm，梯段水平投影长度2620mm，梯段宽度1125mm。中间休息平台标高为1.400m，宽度1000mm，楼层平台宽度1280mm。

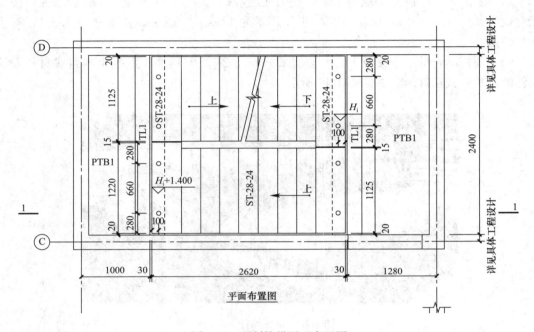

图1-51 预制楼梯平面布置图

3. 预制钢筋混凝土板式楼梯剖面图

预制楼梯剖面图注写内容包括预制楼梯编号、梯梁梯柱编号、预制梯板水平及竖向尺寸、楼层结构标高、层间结构标高、建筑楼面做法厚度等。

如图1-52所示的楼梯剖面图中，预制楼梯编号为ST-28-24，梯梁编号为TL1，梯段高1400mm，中间休息平台标高为1.400m，楼层平台标高为2.800m，入户处楼梯建筑面层厚度50mm，中间休息平台建筑面层厚度30mm。

4. 预制钢筋混凝土板式楼梯编号

标准图集15G367-1《预制钢筋混凝土板式楼梯》中列出了双跑楼梯和剪刀楼梯两种预制楼梯的编号。

（1）双跑楼梯

预制双跑楼梯编号如图1-53所示。如ST-28-25表示预制混凝土板式双跑楼梯，建筑层高2800mm、楼梯间净宽2500mm。

（2）剪刀楼梯

预制剪刀楼梯编号如图1-54所示。如JT-28-25表示预制混凝土板式剪刀楼梯，建筑层高2800mm、楼梯间净宽2500mm。

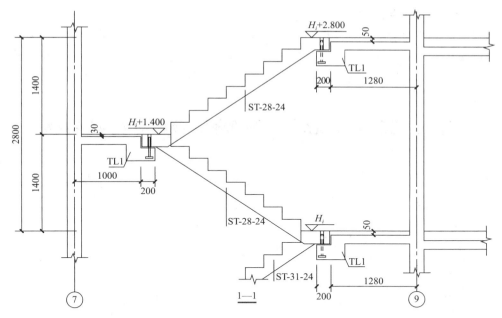

图 1-52　预制楼梯剖面图

图 1-53　预制双跑楼梯编号　　　　　　　图 1-54　预制剪刀楼梯编号

5. 图例（表 1-30）

预制混凝土板式楼梯图例表　　　　　　表 1-30

图例	含义
◑	栏杆预留洞口
⊕	梯段板吊装预埋件
▱	板吊装预埋件
⊏=====⊐	栏杆预留埋件

1.3.3　任务实施

以标准图集 15G367-1《预制钢筋混凝土板式楼梯》中编号为 ST-28-24 的预制混凝土板式楼梯为实例通过装配式建筑虚拟仿真实训软件进行仿真操作。

1-3　楼梯三维展示视频

1. 练习或考核计划下达

计划下达分两种情况，第一种：练习模式下学生根据学习需求自定义下达计划。第二种：考核模式下教师根据教学计划及检查学生掌握情况下达计划并分配给指定学生进行训练或考核（本次计划以预制楼梯编号为 ST-28-24 的典型构件为训练目标），如图 1-55、图 1-56 所示。

图 1-55　学生自主下达计划

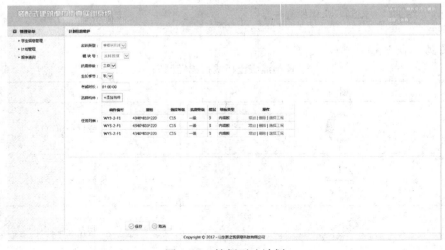

图 1-56　教师下达计划

2. 登录系统查询操作任务

（1）输入用户名及密码登录系统，如图 1-57 所示。

（2）登录系统后查询生产任务，根据任务列表，明确任务内容，如图 1-58 所示。

3. 发送新任务请求，领取生产任务

发送新任务请求，如图 1-59 所示，领取 ST-28-24 的生产任务，明确任务内容。

4. 构件原料计算

图 1-60 为 ST-28-24 配筋图，结合图集及工程特点进行构件原料计算如下：

图 1-57　系统登录

图 1-58　生产任务列表

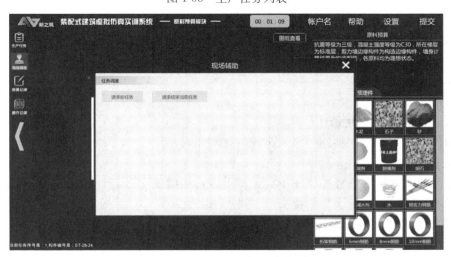

图 1-59　发送新任务请求

（1）钢筋算量

Φ8 钢筋用量：$7.54+9.84+3.56+3.33+2.34+0.86=27.47$kg

Φ10 钢筋用量：$13.05+3.31=16.36$kg

Φ12 钢筋用量：$7.57+5.79=13.36$kg

Φ14 钢筋用量：$7.57+7.42=14.99$kg

（2）混凝土各组成材料用量计算

1）混凝土配合比计算

混凝土设计配合比为 $1：1.4：2.6：0.55$，其中水泥质量为 429kg，则设计配合比 $1m^3$ 混凝土各组成材料的用量分别为：

$m_c=429$kg，$m_s=602$kg，$m_g=1115$kg，$m_w=236$kg。

现场砂含水率为 2.5%，石子含水率为 3%，施工配比为：

$$m'_c=429kg$$
$$m'_s=602(1+0.025)=617kg$$
$$m'_g=1115(1+0.03)=1148kg$$
$$m'_w=236-602×0.025-1115×0.03=188kg$$

2）混凝土工程量

由图 1-60 可知，ST-2824 的混凝土净用量为 $0.6524m^3$，根据表 1-19 列出的预制钢筋混凝土构件制作、运输、安装过程的损耗率，混凝土工程量计算如下：

混凝土预制构件制作工程量＝预制构件图示实体体积×(1+1.5%)＝0.6524×(1+1.5%)＝$0.66m^3$

3）混凝土各组成材料用量

楼梯 ST-2824 中混凝土各组成材料用量如下：

水泥用量＝429×0.66＝283.14kg

砂用量＝617×0.66＝407.22kg

石子用量＝1148×0.66＝757.68kg

水的用量＝188×0.66＝124.08kg

（3）预埋件用量

由图 1-61 楼梯 ST-28-24 模板图可知该构件各预埋件用量：

梯段板吊装预埋件 M1：4 个；

吊环 M2：2 个；

栏杆预留埋件 M3：3 个。

5. 录入构件原材料用量

将构件所需原材料用料逐一录入系统，如图 1-62 所示。

6. 任务提交

待任务列表内所有任务操作完毕后，即可进行系统提交（若计划尚未操作完毕，但是到达练习考核时间，系统会自动提交），如图 1-63 所示。

7. 成绩查询及考核报表导出

登录管理端，即可查询操作成绩及导出详细操作报表（总成绩、操作成绩、操作记录、评分记录等），如图 1-64、图 1-65 所示。

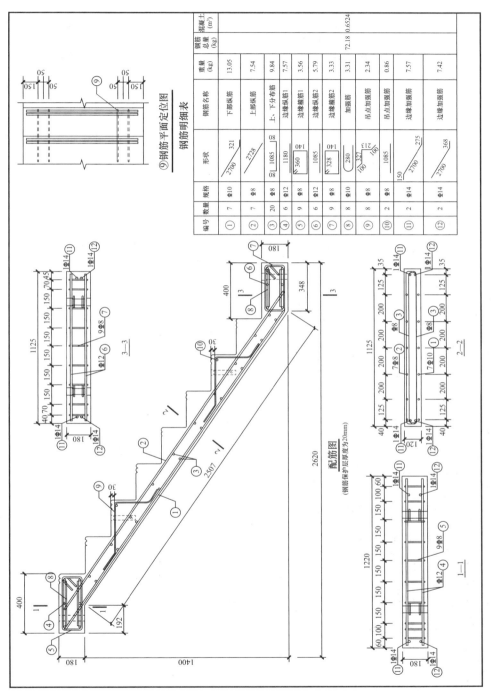

图1-60　ST-28-24配筋表

钢筋明细表

编号	数量	规格	形状	钢筋名称	重量(kg)	钢筋总量(kg)	混凝土(m³)
①	7	Φ10		下部纵筋	13.05		
②	7	Φ8		上部纵筋	7.54		
③	20	Φ8		上、下分布筋	9.84		
④	6	Φ12		边缘纵筋1	7.57		
⑤	9	Φ8		边缘箍筋1	3.56		
⑥	6	Φ12		边缘纵筋2	5.79	72.18	0.6524
⑦	9	Φ8		边缘箍筋2	3.33		
⑧	8	Φ10		加强筋	3.31		
⑨	8	Φ8		吊点加强筋	2.34		
⑩	2	Φ8		吊点加强筋	0.86		
⑪	2	Φ14		边缘加强筋	7.57		
⑫	2	Φ14		边缘加强筋	7.42		

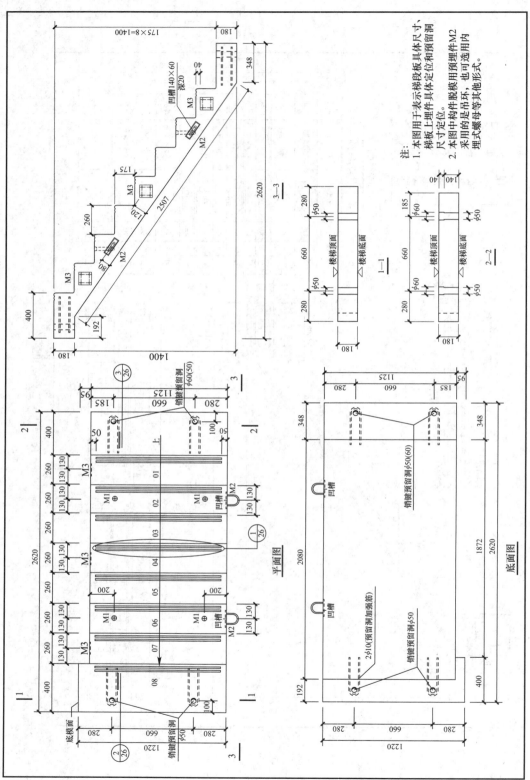

图1-61 ST-28-24模块图

注：
1. 本图用于表示梯段板具体尺寸、梯板上埋件具体定位和预留留洞尺寸定位。
2. 本图中构件脱模用预埋件M2采用的是吊环，也可选用内埋式螺母等其他形式。

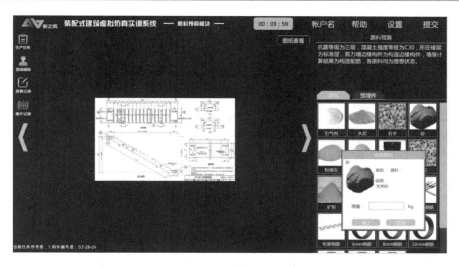

图 1-62　原材料用量录入

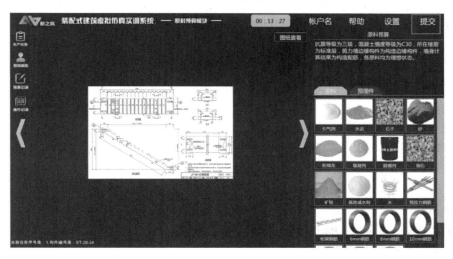

图 1-63　任务提交

图 1-64　考核成绩查询

【装配式建筑虚拟仿真软件】报表						
考号	15001	考生姓名	张三	制表日期	2017/6/26	
开始时间	2017/6/26 15:15	结束时间	2017/6/26 17:10	操作模式	考核模式	

成绩汇总表					
操作模块	原料预算				
考核总分	100	考试得分	55	备注	

生产结果信息								
构件序号	构件编号	构件类型	工况设置情况	工况解决情况	生产完成情况	操作时长(秒)	原料预算得分	富余量得分	总得分
001	ST-28-24	预制楼梯	无	无	完成	556	13	2	15
002	ST-28-24	预制楼梯	无	无	完成	601	10	4	14
003	ST-24-28	预制楼梯	无	无	完成	653	11	2	13
004	ST-24-28	预制楼梯	无	无	未完成	632	13	0	13

图 1-65　详细考核报表

1.3.4　知识拓展

标准图集 15G367-1《预制钢筋混凝土板式楼梯》中预制剪刀楼梯 JT-28-25 原料计算。

该预制楼梯使用混凝土设计强度等级为 C30，使用强度等级为 42.5 级的普通硅酸盐水泥，设计配合比为：1∶1.4∶2.6∶0.55（其中水泥用量为 429kg），现场砂含水率为2%，石子含水率为 1.5%。

图 1-66 和图 1-67 所示为该楼梯的配筋图和模板图，结合图集及工程特点进行构件 JT-28-25 原料计算如下：

1. 钢筋算量

Φ8 钢筋用量：28.04＋3.36＝31.4kg。

Φ10 钢筋用量：22.61＋3.51＋1.39＝27.51kg。

Φ12 钢筋用量：12.64＋10.24＋10.88＝33.76kg。

Φ14 钢筋用量：55.56kg。

Φ18 钢筋用量：22.76＋23.26＝46.02kg。

2. 混凝土各组成材料用量计算

（1）混凝土配合比计算

混凝土设计配合比为 1∶1.4∶2.6∶0.55，其中水泥质量为 429kg，则设计配合比 1m³ 混凝土各组成材料的用量分别为：

m_c＝429kg，m_s＝602kg，m_g＝1115kg，m_w＝236kg。

现场砂含水率为 2%，石子含水率为 1.5%，施工配比为：

$$m'_c = 429kg$$
$$m'_s = 602(1+0.02) = 614kg$$
$$m'_g = 1115(1+0.015) = 1132kg$$
$$m'_w = 236 - 602 \times 0.02 - 1115 \times 0.015 = 207kg$$

（2）混凝土工程量

由图 1-66 可知，JT-28-25 的混凝土净用量为 1.736m³，根据表 1-19 列出的预制钢筋混凝土构件制作、运输、安装过程的损耗率，混凝土工程量计算如下：

混凝土预制构件制作工程量＝预制构件图示实体体积×（1＋1.5%）＝1.736×（1＋1.5%）＝1.76m³

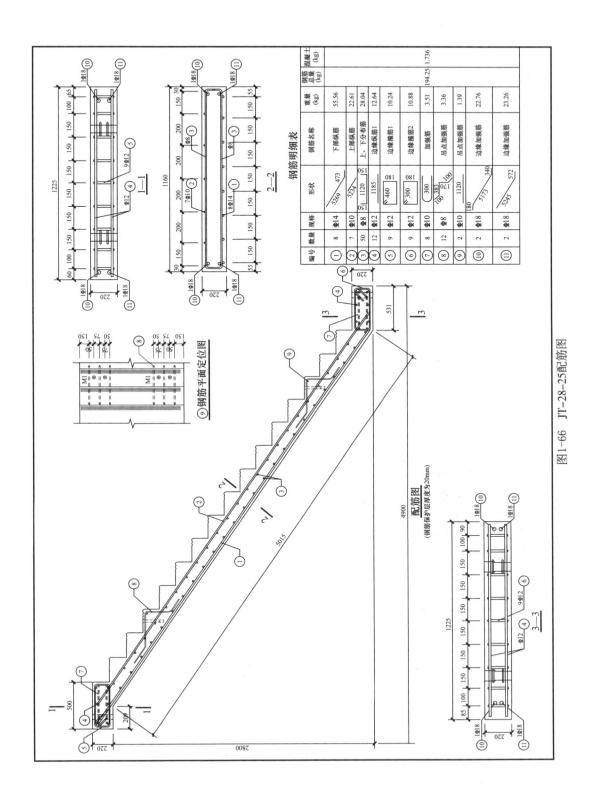

图1-66　JT-28-25配筋图

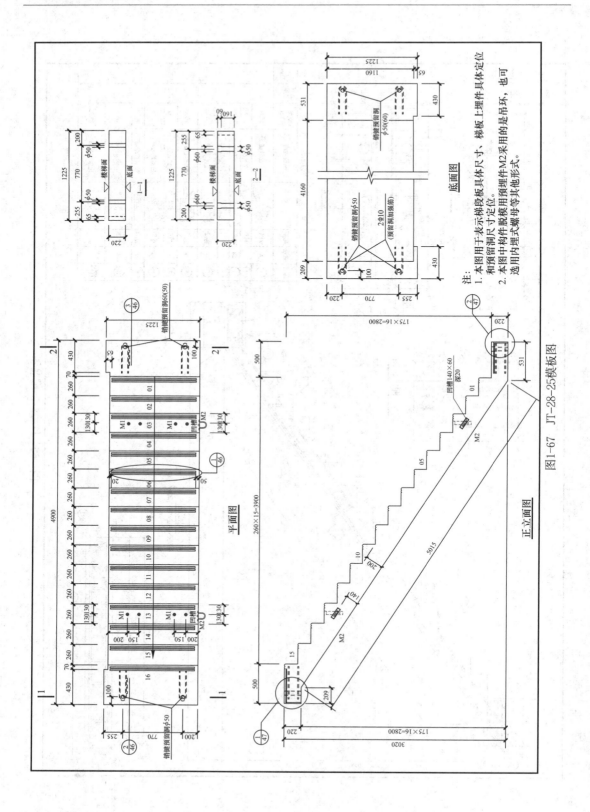

图1-67 JT-28-25模板图

（3）混凝土各组成材料用量

楼梯 JT-28-25 中混凝土各组成材料用量如下：

水泥用量＝429×1.76＝755.04kg。

砂子用量＝614×1.76＝1080.64kg。

石子用量＝1132×1.76＝1192.32kg。

水的用量＝207×1.76＝364.32kg。

3. 预埋件用量

由图 1-67 可知，楼梯 JT-28-25 模板图可知该构件各预埋件用量：

梯段板吊装预埋件 M1：8 个；

吊环 M2：2 个。

小结

本章主要介绍了预制混凝土构件的识图规则、钢筋用量计算方法、混凝土配合比设计计算及混凝土工程量的计算方法，并通过典型案例，详细描述了图集 15G365-1《预制混凝土剪力墙外墙板》中两块剪力墙外墙内叶板、15G365-2《预制混凝土剪力墙内墙板》中一块剪力墙内墙板、15G366-1《桁架钢筋混凝土叠合板（60mm 厚底板）》中两块叠合板底板和 15G367-1《预制钢筋混凝土板式楼梯》中两种楼梯的详细计算过程，为预制构件的原料计算做出详细说明。

习题

一、简答题

1. 描述下列预制构件的名称及规格：

    （1）WQ3328；   （2）WQC1-3329-1214；   （3）WQCA-3930-2118；

    （4）WQC2-4830-0615-1515；   （5）WQM-4530-2724

2. 描述下列预制构件的名称及规格：

    （1）NQ2729；   （2）NQM1-3630-1022；   （3）NQM2-2428-0921；

    （4）NQM3-3330-0922

3. 描述下列预制构件的名称及规格：

    （1）DBS1-68-6012-31； （2）DBS2-68-4524-22； （3）DBD67-3024-1

4. 描述下列预制构件的名称及规格：

    （1）JT-29-25；   （2）ST-30-25

二、计算题

1. 计算 15G365-1《预制混凝土剪力墙外墙板》中内叶板 WQC1-3328-1214 原材料。已知工程结构抗震等级为二级，标准层层高 2800mm，内叶板厚度 200mm，建筑面层为 50mm，混凝土设计强度等级为 C40，使用强度等级为 42.5 级的普通硅酸盐水泥，设计配合比为：1：1.38：2.7：0.53（其中水泥用量为 430kg），现场砂含水率为 3%，石子含水率为 2%。

2. 计算 15G365-1《预制混凝土剪力墙外墙板》中内叶板 WQC2-4829-0614-1514 原材料。已知工程结构抗震等级为三级，标准层层高 2900mm，内叶板厚度 200mm，建筑面层为 100mm，混凝土设计强度等级为 C30，使用强度等级 42.5 级的普通硅酸盐水泥，设计配合比为：1：1.39：2.8：0.45（其中水泥用量为 420kg），现场砂含水率为 2%，石子含水率为 3%。

3. 计算 15G365-1《预制混凝土剪力墙外墙板》中内叶板 WQM-3630-1824 原材料。已知工程结构抗震等级为二级，标准层层高 3000mm，内叶板厚度 200mm，建筑面层为 50mm，混凝土设计强度等级为 C30，使用强度等级为 42.5 级的普通硅酸盐水泥，设计配合比为：1：1.39：2.75：0.44（其中水泥用量为 388kg），现场砂含水率为 2%，石子含水率为 3%。

4. 计算 15G365-2《预制混凝土剪力墙内墙板》中 NQM2-2429-0922 原材料。已知工程结构抗震等级为三级，标准层层高 2900mm，板厚度 200mm，建筑面层为 50mm，混凝土设计强度等级为 C30，使用强度等级为 42.5 级的普通硅酸盐水泥，设计配合比为：1：1.4：2.75：0.46（其中水泥用量为 390kg），现场砂含水率为 2%，石子含水率为 3%。

5. 计算 15G366-1《桁架钢筋混凝土叠合板（60mm 厚底板）》中双向板 DBS1-67-3012-31 原料。已知该叠合板底板板厚 60mm，混凝土设计强度等级为 C30，使用强度等级 42.5 级的普通硅酸盐水泥，设计配合比为：1：1.39：2.43：0.46（其中水泥用量为 430kg），现场砂含水率为 1%，石子含水率为 1.5%。

6. 计算 15G367-1《预制钢筋混凝土板式楼梯》中预制双跑楼梯 ST-30-25 原材料。已知该预制楼梯使用混凝土设计强度等级为 C30，使用强度等级 42.5 级的普通硅酸盐水泥，设计配合比为：1：1.42：2.62：0.48（其中水泥用量为 419kg），现场砂含水率为 2%，石子含水率为 1%。

任务 2 模具准备与安装

实例 2.1 预制混凝土墙模具准备与安装

2.1.1 实例分析

构件生产厂技术员赵某接到某工程预制混凝土剪力墙外墙生产的模具准备与安装任务，其中标准层是一块带一个窗洞的矮窗台外墙板，选用了标准图集 15G365-1《预制混凝土剪力墙外墙板》中编号为 WQCA-3028-1516 的外墙板模板图。该外墙板所属工程的结构及环境特点如下：

该工程为政府保障性住房，位于××西侧，××北侧，××南侧，××东侧。工程采用装配整体式混凝土剪力墙结构体系，预制构件包括：预制夹心外墙、预制内墙、预制叠合楼板、预制楼梯、预制阳台板及预制空调板。该工程地上 11 层，地下 1 层，标准层层高 2.8m，抗震设防烈度 7 度，结构抗震等级三级。外墙板按环境类别一类设计，厚度为 200mm，建筑面层为 50mm，采用混凝土强度等级为 C30，坍落度要求 35～50mm。

由于模具准备与安装的主要内容是完成模台准备、画线、脱膜剂喷涂、模具摆放与校正、保温材料准备等工序，因此，技术员赵某现需要完成外墙板 WQCA-3028-1516 模具的准备与安装工作，其外墙板模板图示意图如图 2-1 所示。

2.1.2 相关知识

1. 模具的制作

模具制作加工工序可概括为：开料、制成零件、拼装成模。

2. 模具图的识读

结合标准图集 15G365-1《预制混凝土剪力墙外墙板》中编号为 WQCA-3028-1516 的夹心墙板模板图，其具体识图内容如下：

（1）首先识读夹心墙板模板图中的主视图（图 2-1a）。通过识读可以得出墙板的长为 3000mm，高为 2815mm；窗孔的预留尺寸为 1500mm×1600mm；窗孔四边距离墙板边缘及上、下、左、右尺寸分别为 310mm、765mm、450mm 和 450mm。

（2）根据图 2-1（b）夹心墙板的俯视图和图 2-1（c）夹心墙板的仰视图，可以得到内叶墙板的厚度为 200mm。

（3）根据图 2-1（d）夹心墙板的右视图，可以得出结构板的准确高度为 2800mm。

通过对模具图的识读与分析可以得出构件内叶墙板对角线控制尺寸为 3568mm，外叶墙板对角线控制尺寸为 4099mm。根据所得出尺寸即可进行模具摆放工作。

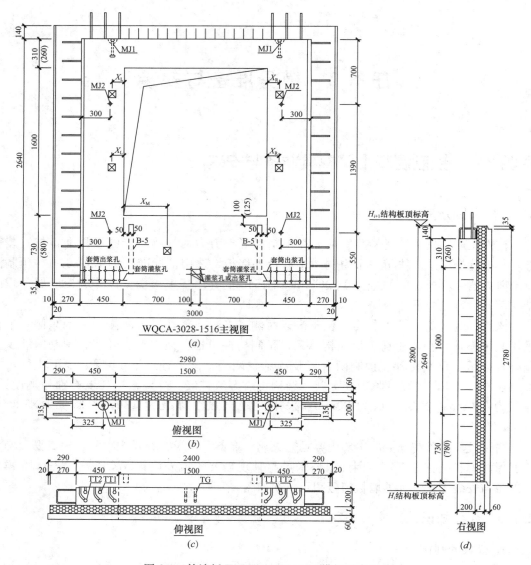

图 2-1 外墙板 WQCA-3028-1516 模板示意图

(a) WQCA-3028-1516 主视图；(b) WQCA-3028-1516 俯视图；
(c) WQCA-3028-1516 仰视图；(d) WQCA-3028-1516 右视图

3. 模具设计、制造与使用要求

（1）模具设计体系

现有的模具设计体系可分为：独立式模具和大底模式模具（即底模可公用，只加工侧模）。独立式模具用钢量较大，适用于构件类型较单一且重复次数多的项目。大底模式模具只需制作侧边模具，底模还可以在其他工程上重复使用。

（2）模具类型

模具主要类型包括大底模（平台）模具、叠合楼板模具、阳台板模具、楼梯模具、内墙板模具和外墙板模具等。

（3）设计要点

1）外墙板模具设计要点

外墙板一般采用三明治结构，即结构层（200mm）+保温层（50mm）+保护层（60mm）。此类墙板可采用正打或反打工艺。建筑对外墙板的平整度要求很高，如果采用正打工艺，无论是人工抹面还是机器抹面，都不足以达到要求的平整度，对后期施工较为不利。但是正打工艺，有利于预埋件的定位，操作工序也相对简单，可根据工程需求，选择不同的工艺。

2）外墙板和内墙板模具防漏浆设计要点

构件三面都有外露钢筋，侧模处需开对应的豁口，数量较多，造成拆模困难。为了便于拆模，豁口开的大一些，用橡胶等材料将混凝土与边模分离开，从而大大降低了拆模难度。

3）边模定位方式设计要点

边模与大底模通过螺栓连接，为了快速拆卸，宜选用 M12 的粗牙螺栓。在每个边模上设置 3～4 个定位销，以更精确地定位。连接螺栓的间距控制在 500～600mm 为宜，定位销间距不宜超过 1500mm。

4）模具加固设计要点

对模具使用次数必须有一定的要求，故有些部位必须要加强，一般通过肋板解决，当楼板不足以解决时可把每个肋板连接起来，以增强整体刚度。

（4）模具制造

"模具是制造业之母"，模具的好坏直接决定了构件产品质量的好坏和生产安装的质量和效率，预制构件模具的制造关键是"精度"，包括尺寸的误差精度、焊接工艺水平、模具边楞的打磨光滑程度等，模具组合后应严格按照要求涂刷隔离剂或水洗剂。预制构件的质量和精度是保证建筑质量的基础，也是预制装配整体式建筑施工的关键工序之一，为了保证构件质量和精度，必须采用专用的模具进行构件生产，预制构件生产前应对模具进行检查验收，严禁采用地胎模等"土办法"，模具示意图如图 2-2 所示。

（5）模具使用要求

1）编号要求

由于每套模具被分解的较零碎，需按顺序统一编号，防止错用。

2）组装要求

边模上的连接螺栓和定位销一个都不能少，必须紧固到位。为了构件脱模时边模顺利拆卸，防漏浆的部件必须安装到位。

3）吊模等部件的拆除要求

在预制混凝土构件蒸汽养护之前，要

图 2-2 模具示意图

把吊模和防漏浆的部件拆除。选择此时拆除的原因是吊模好拆卸，在流水线上，不占用上部空间，可降低蒸养窖的层高；混凝土强度还不高，防漏浆的部件很容易拆除，若等到脱模的时候，混凝土的强度已到 20MPa 左右，防漏浆部件、混凝土和边模会紧紧地粘在一起，极难拆除。所以防漏浆部件必须在蒸汽养护之前拆掉。

4）模具的拆除要求

当构件脱模时，首先将边模上的螺栓和定位销全部拆卸掉，为了保证模具的使用寿命，禁止使用大锤。拆卸的工具宜为皮锤、羊角锤和小撬棍等工具。

5）模具的保养要求

在模具暂时不使用时，需在模具上涂刷一层机油，防止腐蚀。

4. 模具安装

（1）一般规定

1）预制装配式混凝土结构的模具以钢模为主，面板主材选用 Q235 钢板，支持结构可选型钢或者钢板，规格可根据模具形式选择，支撑体系应具有足够的承载力、刚度和稳定性，应保证在构件生产时能可靠承受浇筑混凝土的重量、侧压力及工作荷载。

2）预制装配式混凝土结构的模板与支撑体系应保证工程结构和构件的各部分形状尺寸、相对位置的准确，且应便于钢筋安装和混凝土浇筑、养护。

3）预制构件宜预留与模板连接用的孔洞、螺栓，预留位置应与模板模数相符并便于模板安装。

4）预制构件接缝处模板宜选用定型模板，并与预制构件可靠连接，模板安装应牢固，且模板拼缝应严密、平整、不漏浆。

5）预制装配式混凝土结构模板与混凝土的接触面应涂隔离剂脱模，宜选用水性隔离剂，严禁隔离剂污染钢筋与混凝土接槎处。脱模剂应有效减小混凝土与模板之间的吸附力，并应具有一定的成模强度，且不应影响脱模后混凝土的表面观感及饰面施工。

6）预制装配式混凝土结构在浇筑混凝土前，模板及叠合类构件内的杂物应清理干净，模板安装和混凝土浇筑时，应对模板及其支撑体系进行检查和维护。

7）预制装配式混凝土结构对于清水混凝土工程及装饰混凝土工程，应使用能达到设计效果的模板。

（2）模具安装

模具安装应按照组装顺序进行，对于特殊构件，钢筋可先入模后组装；应根据生产计划合理组合模具，充分利用模台。模具组装前，模板接触面平整度、板面弯曲、拼装缝隙、几何尺寸等应满足相关设计要求。模具几何尺寸的允许偏差及检验方法见表 2-1，模具安装示意图如图 2-3、图 2-4 所示。

模具几何尺寸的允许偏差及检验工具、方法　　　　　　表 2-1

项次	项目	允许偏差（mm）	检验工具、方法
1	长度	0，－4	激光测距仪或钢尺，测量平行构件高度方向，取最大值
2	宽度	0，－4	激光测距仪或钢尺，测量平行构件宽度方向，取最大值
3	厚度	0，－2	钢尺测量两端或中部，取最大值
4	构件对角线差	<5	激光测距仪或钢尺量纵、横两个方向对角线
5	侧向弯曲	$L/1500$，且≤3	拉尼龙线，钢角尺测量弯曲最大处
6	端向弯曲	$L/1500$	拉尼龙线，钢角尺测量弯曲最大处
7	底模板表面平整度	2	2m铝合金靠尺和金属塞尺测量
8	拼装缝隙	1	金属塞片或塞尺量
9	预埋件、插筋、安装孔、预留孔中心线位移	3	钢尺测量中心坐标

续表

项次	项目		允许偏差（mm）	检验工具、方法
10	端模与侧模高低差		1	钢角尺量测
11	窗框口	厚度	0，−2	钢尺测量两端或中部，取最大值
		长度、宽度	0，−4	激光测距仪或钢尺，测量平行构件长度、宽度方向，取最大值
		中心线位置	3	用尺量纵、横两中心位置
		垂直度	3	用直角尺和基尺量测
		对角线差	3	用尺量两个对角线

图 2-3　模具安装对角测量示意图　　　　图 2-4　模具安装宽度测量示意图

（3）模具清理与组装

模具必须清理干净，不得存有铁锈、油污及混凝土残渣，接触面不应有划痕、锈渍和氧化层脱落等现象。对于存在变形超过允许偏差的模具一律不得使用，首次使用及大修后的模具应全数检查，使用中的模具应当定期检查，并做好检查记录。模具组装应连接牢固、缝隙严密，组装时应进行表面清洗或涂刷脱模剂，脱模剂使用前确保脱模剂在有效使用期内，脱模剂必需均匀涂刷，模具清理如图 2-5 所示。

（4）边模组装

边模组装前应当贴双面胶或组装后打密封胶，防止浇筑振捣过程中漏浆，侧模与底模、顶模组装后必须在同一平面内，严禁出现错台，组装后校对尺寸，特别注意对角尺寸，然后使用磁盒进行定位加固，使用磁盒固定模具时，一定要将磁盒底部杂物清除干净，且必须将螺丝有效地压到模具上。

5. 模具安装质量检验

（1）模具及所用材料、配件的品种、规格等应符合设计要求。

1）检查数量：全数检查。

2）检验方法：观察、检查设计图纸要求。

图 2-5　模具清理示意图

（2）用作底模的模台应平整光洁，不得下沉、裂缝、起砂或起鼓。

1）检查数量：全数检查。

2）检验方法：观察。

（3）模具的部件与部件之间、模具与模台之间应连接牢固；预制构件上的预埋件均应有可靠固定措施。

1）检查数量：全数检查。

2）检验方法：观察，摇动检查。

（4）模具内表面的隔离剂应涂刷均匀、无堆积，且不得沾污钢筋；在浇筑混凝土前，模具内应无杂物。

1）检查数量：全数检查。

2）检验方法：观察。

（5）预制构件模具安装的偏差及检验方法应符合表2-2的规定。

1）检查数量：首次使用及大修后的模具应全数检查；使用中的模具，同一工作班安装的模具，抽查10%，且不少于5件。生产过程检验批质量验收记录表见表2-3。

2）检验方法：观察，拉线、尺量。

模具组装尺寸允许偏差及检验方法 表2-2

项目		允许偏差（mm）	检验方法
长度	梯段、梁、板	±4	尺量两侧取其最大值
	柱	0，—10	
	墙板	0，—5	
宽度		0，—5	尺量两端及中部取其中最大值
高（厚）度	梯段、板	+2，—3	尺量两端及中部取其中最大值
	墙板	0，—5	
	梁、柱	+2，—5	
侧向弯曲	梯段、梁、板、柱	$L/1000$ 且≤15	拉线、尺量最大弯曲处
	墙板	$L/1500$ 且≤15	
板的表面平整度		3	2m靠尺和塞尺量测
相邻模板表面高差		1	尺量
对角线差	板	7	尺量对角线
	墙板	5	
翘曲	板、墙板、	$L/1500$	水平尺在两端量测
设计起拱	梁	±3	拉线、尺量跨中

注：L 为构件长度（mm）。

生产过程检验批质量验收记录表 表2-3

单位（与单位）工程名称		分项工程名称	装配式混凝土结构
使用部门		构件数量	10
生产单位		构件类型	叠合板
施工执行标准名称及编号	《混凝土结构工程施工质量验收规范》GB 50204—2015	构件编号	201500800××

续表

施工质量验收规范的规定			施工单位检查评定记录
主控项目	钢筋原材料力学性能	第 5.2.1 条	符合要求
	纵向受力钢筋的连接方式	第 5.4.1 条	符合要求
	机械接头的力学性能	第 5.4.2 条	符合要求
	受力钢筋的品种、级别、规格和数量	第 5.4.3 条	符合要求

	分项	检查项目		允许偏差（mm）	检查数据	检查日期	复查		
							复查数据	复查日期	复查人
一般项目	构件模板安装	长度	梁、楼板、阳台板	±4					
			墙板、柱	0，-5					
		宽度	楼板、墙板	2，-5					
			梁	2，-5					
		高厚度	楼板	2，-3					
			墙板	0，-5					
			梁、柱	2，-5					
		侧向弯曲	梁、楼板、柱	L/1000 且≤15					
			墙板						
		楼板的表面平整度		3					
		相邻模板的表面高差		1					
		对角线差	楼板	7					
			墙板	5					
		翘曲	楼板、墙板	L/1000					
		设计起拱	梁	±3					
	钢筋加工	受力钢筋沿长度方向的净尺寸		±10					
		弯起钢筋的弯折位置		±20					
		箍筋外廓尺寸		±5					
	预埋件加工	预埋件锚板的边长		0，-5					
		预埋件锚板的平整度		1					
		锚筋	长度	10，-5					
			间距偏差	±10					
	钢筋安装	绑扎钢筋网	长、宽	+5					
			网眼尺寸	±3					
		绑扎钢筋骨架	长	±10					
			宽、高	±5					
		纵向受力钢筋	锚固长度	-20					
			间距	±10					
			排距	±5					
		纵向受力钢筋、箍筋保护层厚度	柱、梁	±5					
			楼板、墙板	±3					
		绑扎箍筋、横向钢筋间距		±20					
		钢筋弯起点位置		20					
		预埋件	中心线位置	5					
			水平高差	0，3					

施工质量验收规范的规定						施工单位检查评定记录		
分项	检查项目		允许偏差 (mm)	检查数据	检查日期	复查		
						复查数据	复查日期	复查人
一般项目 预埋件和预留孔洞安装	预埋板中心线位置偏移		3					
	预埋管、预留孔中心位置		2					
	外露钢筋	中心线位置偏移	3					
		外露长度	0，10					
	预埋螺栓	中心线位置	2					
		外露长度	0，10					
	预留洞	中心线位置	10					
		尺寸	0，10					
生产单位检查评定结果	生产线（施工员）					生产线班组长		
	主控项目合格，一般项目满足规范要求							
	生产单位质检员：						年　月　日	

（6）构件上的预埋件和预留孔洞宜通过模具进行定位，并安装牢固，其安装允许偏差应符合表 2-4 的规定。

1）检查数量：同一工作班安装的模具，抽查 10％，且不少于 5 件。

2）检验方法：尺量。

模具上预埋件、预留孔洞安装时的允许偏差及检验方法　　　　表 2-4

项次	检验项目		允许偏差 (mm)	检验方法
1	预埋钢板、建筑幕墙用槽式预埋组件	中心线位置	3	用尺量测纵横两个方向的中心线位置，取其较大值
		平面高差	±2	钢直尺和塞尺检查
2	预埋管、电线盒、电线管水平和垂直方向的中心线位置偏移、预留孔、浆锚搭接预留孔（或波纹管）		2	用尺量测纵横两个方向的中心线位置，取其较大值
3	插筋	中心线位置	3	用尺量测纵横两个方向的中心线位置，取其较大值
		外露长度	+10，0	用尺量测
4	吊环	中心线位置	3	用尺量测纵横两个方向的中心线位置，取其较大值
		外露长度	0，−5	用尺量测
5	预埋螺栓	中心线位置	2	用尺量测纵横两个方向的中心线位置，取其较大值
		外露长度	+5，0	用尺量测
6	预埋螺母	中心线位置	2	用尺量测纵横两个方向的中心线位置，取其较大值
		平面高差	±1	钢直尺和塞尺检查
7	预留洞	中心线位置	3	用尺量测纵横两个方向的中心线位置，取其较大值
		尺寸	+3，0	用尺量测纵横两个方向尺寸，取其较大值
8	灌浆套筒及连接钢筋	灌浆套筒中心线位置	1	用尺量测纵横两个方向的中心线位置，取其较大值
		连接钢筋中心线位置	1	用尺量测纵横两个方向的中心线位置，取其较大值
		连接钢筋外露长度	+5，0	用尺量测

（7）预制构件中预埋门窗框时，应在模具上设置限位装置进行固定，并应逐件检验。门窗框安装偏差和检验方法应符合表 2-5 的规定。

门窗框安装允许偏差和检验方法			表 2-5
项目		允许偏差（mm）	检验方法
锚固脚片	中心线位置	5	钢尺检查
	外露长度	+5，0	钢尺检查
门窗框位置		2	钢尺检查
门窗框高、宽		±2	钢尺检查
门窗框对角线		±2	钢尺检查
门窗框的平整度		2	靠尺检查

2.1.3　任务实施

以标准图集 15G365-1《预制混凝土剪力墙外墙板》中编号为WQCA-3028-1516 夹心墙板为实例通过装配式建筑虚拟仿真实训软件进行仿真操作。具体操作步骤如下：

2-1　外墙板模具准备与安装视频

（1）练习或考核计划下达

计划下达分两种情况，第一种：练习模式下学生根据学习需求自定义下达计划。第二种：考核模式下教师根据教学计划及检查学生掌握情况下达计划并分配给指定学生进行训练或考核，如图 2-6、图 2-7 所示。

图 2-6　学生自主下达计划

（2）登录系统查询操作任务

输入用户名及密码登录系统，如图 2-8 所示。

（3）登录系统后查询生产任务，根据任务列表，明确任务内容，如图 2-9 所示。

（4）系统分控制端软件和 3D 虚拟端软件，控制端软件为仿真构件生产厂二维组态控制界面，虚拟端为 3D 仿真工厂生产场景。虚拟场景设备动作及状态受控制端操作控制，如图 2-10、图 2-11 所示。

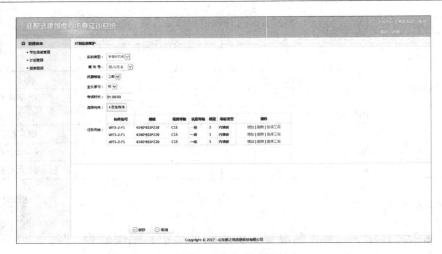

图 2-7　教师下达计划

图 2-8　系统登录

图 2-9　查询生产任务

图 2-10　控制端软件

图 2-11　3D 虚拟端软件

（5）根据预制构件生产厂生产标准，在工作进行前首先要进行产前准备，其中包括着装检查和卫生检查，如图 2-12 所示。

（6）划线机划线操作

操作模台进入划线区，根据标准图集 15G365-1《预制混凝土剪力墙外墙板》WQCA-3028-1516 夹心墙板图纸尺寸标注要求进行划线参数设置，单位：mm。设置完毕后开始划线机划线操作，如图 2-13 所示。

（7）模台喷油操作

为了方便成品构件脱离模台及模具，须在浇筑前对模台及模具进行喷涂脱模剂操作。模台喷涂脱模剂前需根据目标构件计算喷涂面积及喷涂量，此操作与工艺要求和成本核算相关，如图 2-14、图 2-15 所示。

图 2-12　上岗前准备

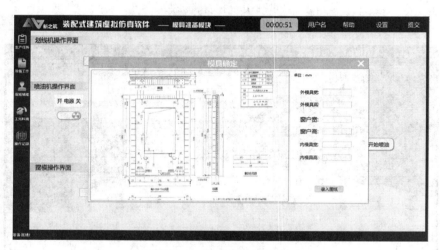

图 2-13　划线机划线操作

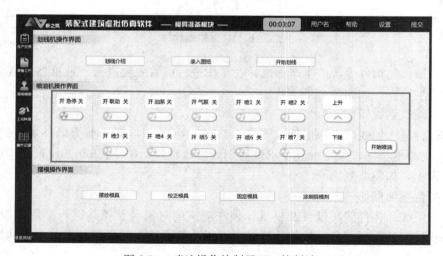

图 2-14　喷油操作控制界面（控制端）

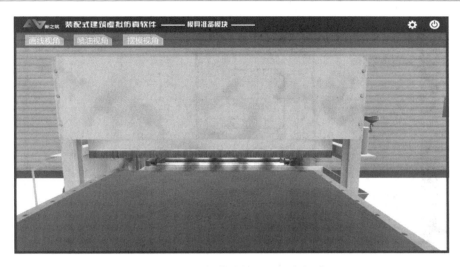

图 2-15　喷油操作虚拟界面（虚拟端）

（8）模具选择操作

根据图纸要求，选择模具类型及尺寸，如图 2-16 所示。

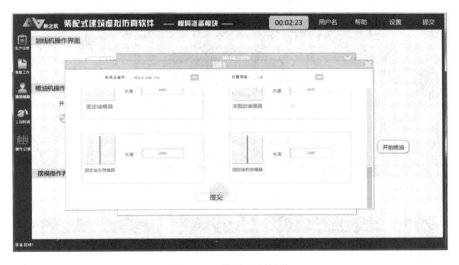

图 2-16　模具选择操作

（9）摆放模具操作

控制鼠标在二维模台进行摆放模具，可进行精准模具摆放操作，对应 3D 虚拟场景显示摆放状态，如图 2-17、图 2-18 所示。

（10）模具校正

模具摆放完毕后，先进行模具初固定，再进行模具校正操作。校正过程中通过测量边距及对角线距离判断摆放是否合格，并对不合格尺寸进行校正，如图 2-19、图 2-20 所示。

（11）模具校正完毕后，对其进行终拧处理，如图 2-21、图 2-22 所示。

（12）模具固定完毕后，对模具进行脱模剂涂刷操作，涂刷完毕后运至下道工序，如图 2-23 所示。

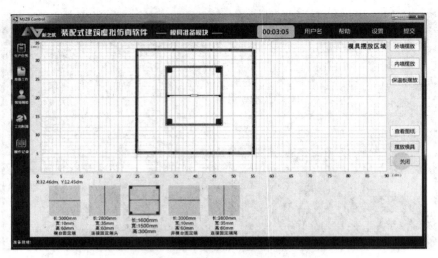

图 2-17　模具摆放控制界面（控制端）

图 2-18　模具摆放虚拟界面（虚拟端）

图 2-19　模具测量及校正（控制端）

图 2-20　模具测量及校正（虚拟端）

图 2-21　模具终拧固定（控制端）

图 2-22　模具终拧固定（虚拟端）

图 2-23　脱模剂涂抹

（13）由于本任务构件为剪力墙外墙板，需继续摆放内叶模具，摆放规则及顺序同上。

（14）任务提交

待任务列表内所有任务操作完毕后，即可进行系统提交（若计划尚未操作完毕，但是到达练习考核时间，系统会自动提交），如图 2-24 所示。

图 2-24　任务提交

（15）成绩查询及考核报表导出

登录管理端，即可查询操作成绩及导出详细操作报表（总成绩、操作成绩、操作记录、评分记录等），如图 2-25、图 2-26 所示。

2.1.4　知识拓展

根据标准图集 15G365-1《预制混凝土剪力墙外墙板》中编号为 WQ-2728 的夹心墙板进行模具的识读，如图 2-27 所示。

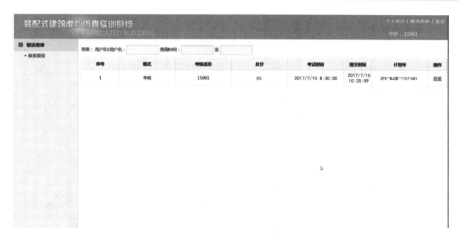

图 2-25　考核成绩查询

【装配式建筑虚拟仿真软件】报表					
考号	15001	考生姓名	张三	制表日期	2017/7/10
开始时间	2017/7/10 8:30	结束时间	2017/7/10 10:20	操作模式	考核模式
成绩汇总表					
操作模块	模具准备				
考核总分	100	考试得分	85	备注	
生产结果信息					
构件序号	构件编号	构件类型	工况设置情况	工况解决情况	生产完成情况	操作时长（秒）	操作得分	质量得分	总得分
001	WQCA-3028-1516	预制夹心外墙板	无	无	完成	3712	54	31	85

综合信息　生产计划　操作记录　评分记录　⊕

图 2-26　详细考核报表

根据图纸所标注参数可读取出图 2-27 外墙板 WQ-2728 模具摆放时的各项具体尺寸，具体如下：

（1）从主视图可以读取出剪力墙外墙板的总长 2700mm，总高 2815mm；内叶墙板长度 2100mm，高度 2640mm；墙板上设有吊件 MJ1 两个，与内叶墙板边缘水平距离 450mm；临时支撑预埋螺母 MJ2 四个，与内叶墙板边缘水平距离 350mm，竖直方向相邻之间的距离为 1390mm，下面一排预埋螺母距离内叶墙板底垂直高度 550mm；主视图中标出预埋线盒三个，并同时详细标注了套筒灌浆孔（出浆孔）之间的水平距离。

（2）从俯视图和仰视图可以读取出内叶墙板厚度为 200mm，外叶墙板厚度 60mm，中间保温层厚度为 t，内叶墙板外边缘与外叶墙板外边缘之间的水平距离为 290mm；图中 TT1 和 TT2 套筒组件各 3 个；中间保温层外边缘与外叶墙板外边缘之间的水平距离为 20mm。

（3）通过对模具图的识读与分析可以得出构件内叶墙板对角线控制尺寸为 3373mm，外叶墙板对角线控制尺寸为 3887mm。根据图纸所得出的尺寸即可进行模具的摆放工作。

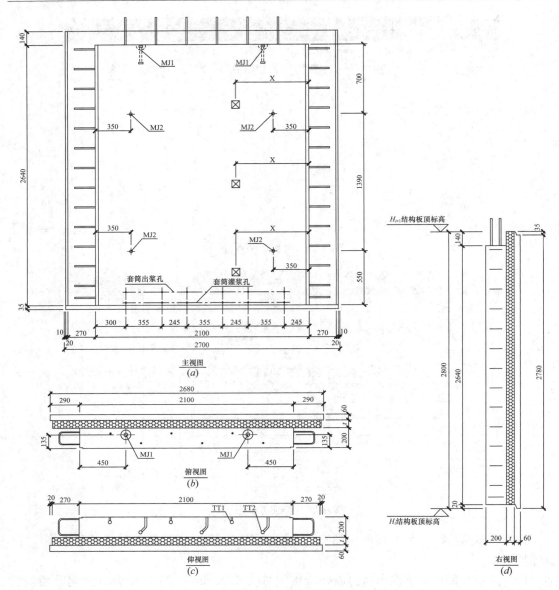

图 2-27　外墙板 WQ-2728 模板示意图

（a）WQ-2728 主视图；（b）WQ-2728 俯视图；（c）WQ-2728 仰视图；（d）WQ-2728 右视图

实例 2.2　预制混凝土板模具准备与安装

2.2.1　实例分析

　　构件生产厂技术员赵某接到某工程预制桁架钢筋混凝土叠合板生产的模具准备与安装任务，其中一块双向受力叠合板的底板选自标准图集 15G366-1《桁架钢筋混凝土叠合板（60mm 厚底板）》中编号为 DBS2-67-3012-11 的桁架叠合板。该桁架叠合板所属工程的结构及环境特点如下：

该工程为政府保障性住房，位于××西侧，××北侧，××南侧，××东侧。工程采用装配整体式混凝土剪力墙结构体系，预制构件包括：预制夹心外墙、预制内墙、预制叠合楼板、预制楼梯、预制阳台板及预制空调板。该工程地上 11 层，地下 1 层，标准层层高 2.8m，抗震设防烈度 7 度，结构抗震等级三级。外墙板按环境类别一类设计，厚度为 200mm，建筑面层为 50mm，采用混凝土强度等级为 C30，坍落度要求 35～50mm。

由于模具准备与安装的主要内容是完成模台准备、划线、脱膜剂喷涂、模具摆放与校正等工序，因此，技术员赵某现需要完成叠合板 DBS2-67-3012-11 模具的准备与安装工作，其桁架叠合板模板图示意图如图 2-28 所示。

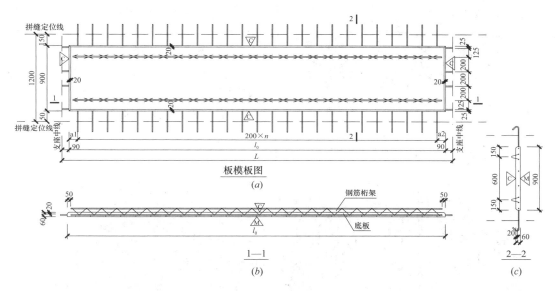

图 2-28 桁架叠合板 DBS2-67-3012-11 模板图

(a) DBS2-67-3012-11 模板平面图；(b) 1—1 断面图；(c) 2—2 断面图

2.2.2 相关知识

1. 叠合板模具设计基本要求

（1）足够的承载力、刚度和稳定性。

（2）支模和拆模要方便。

（3）便于钢筋安装和混凝土浇筑、养护。

（4）部件与部件之间连接要牢固。

（5）预埋件均应有可靠固定措施。

2. 叠合楼板模具边模要求

根据叠合楼板高度，可选用相应的角铁作为边模，当楼板四边有倒角时，可在角铁上焊一块折弯后的钢板。由于角铁组成的边模上开了许多豁口，导致长向的刚度不足，故沿长向可分若干段，以每段 1.5～2.5m 为宜。侧模上还需设加强肋板，间距为 400～500mm。

3. 模具加固要点

对模具使用次数必须有一定的要求，故有些部位必须要加强，一般通过肋板解决，当楼板不足以解决时可把每个肋板连接起来，以增强整体刚度。

4. 模具的验收要点

除了外形尺寸和平整度外，还应重点检查模具的连接和定位系统。

图 2-29　叠合板固定式边模及橡胶边模

5. 模具的经济性分析要点

根据项目中每种预制构件的数量和工期要求，配备出合理的模具数量。再摊销到每种构件中，得出一个经济指标，一般为每立方米混凝土中含多少钢材，据此可作为报价的一部分。

6. 叠合板模具边模的分类

（1）叠合板可分为固定式边模和橡胶边模，如图 2-29 所示。

（2）叠合板长边采用通长边模，如图 2-30 所示。

（3）叠合板采用角钢边模，如图 2-31 所示。

图 2-30　叠合板长边采用通长边模

图 2-31　叠合板角钢边模

2.2.3　任务实施

以标准图集 15G366-1《桁架钢筋混凝土叠合板（60mm 厚底板）》中编号为 DBS2-67-3012-11 桁架叠合板为实例通过装配式建筑虚拟仿真实训软件进行仿真操作。具体操作步骤如下：

（1）练习或考核计划下达

2-2　叠合板模具准备与安装视频

计划下达分两种情况，第一种：练习模式下学生根据学习需求自定义下达计划。第二种：考核模式下教师根据教学计划及检查学生掌握情况下达计划并分配给指定学生进行训练或考核，如图 2-32、图 2-33 所示。

（2）登录系统查询操作任务

输入用户名及密码登录系统，如图 2-34 所示。

图 2-32　学生自主下达计划

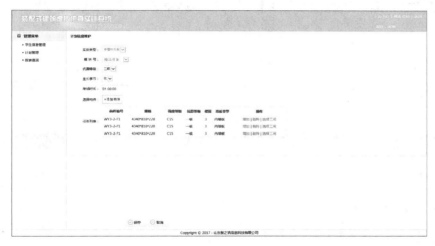

图 2-33　教师下达计划

图 2-34　系统登录

（3）登录系统后查询生产任务，根据任务列表，明确任务内容，如图 2-35 所示。

图 2-35　查询生产任务

（4）系统分控制端软件和 3D 虚拟端软件，控制端软件为仿真构件生产厂二维组态控制界面，虚拟端为 3D 仿真工厂生产场景。虚拟场景设备动作及状态受控制端操作控制，如图 2-36、图 2-37 所示。

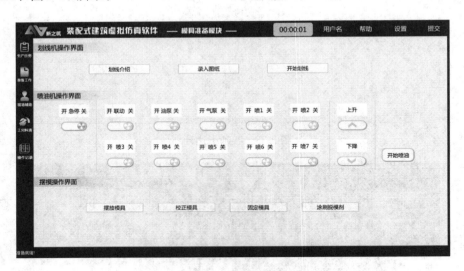

图 2-36　控制端软件

（5）根据预制构件生产厂生产标准，在工作进行前首先要进行产前准备，其中包括着装检查和卫生检查，如图 2-38 所示。

（6）划线机划线操作

操作模台进入划线区，根据标准图集 15G366-1《桁架钢筋混凝土叠合板（60mm 厚底板）》中编号为 DBS2-67-3012-11 桁架叠合板图纸尺寸标注要求进行划线参数设置，单位：mm。设置完毕后开始划线机划线操作，如图 2-39 所示。

图 2-37　3D 虚拟端软件

图 2-38　生产前检查

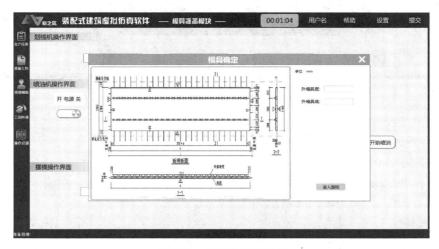

图 2-39　划线机划线操作

（7）模台喷油操作

为了方便成品构件脱离模台及模具，须在浇筑前对模台及模具进行喷涂脱模剂操作。模台喷涂脱模剂前需根据目标构件计算喷涂面积及喷涂量，此操作与工艺要求和成本核算相关，如图 2-40、图 2-41 所示。

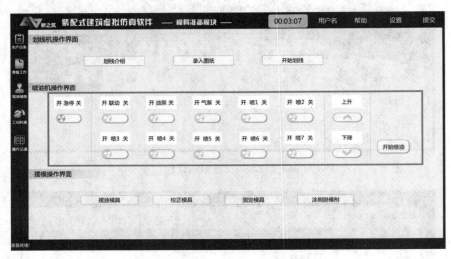

图 2-40　喷油操作控制界面（控制端）

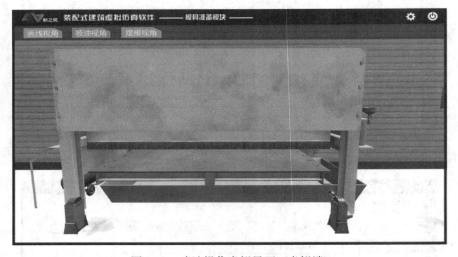

图 2-41　喷油操作虚拟界面（虚拟端）

（8）模具选择操作

根据图纸要求，选择模具类型及尺寸，如图 2-42 所示。

（9）摆放模具操作

控制鼠标在二维模台进行摆放模具，可进行精准模具摆放操作，对应 3D 虚拟场景显示摆放状态，如图 2-43、图 2-44 所示。

（10）模具校正

模具摆放完毕后，先进行模具初固定，再进行模具校正操作。校正过程中通过测量边距及对角线距离判断摆放是否合格，并对不合格尺寸进行校正，如图 2-45、图 2-46 所示。

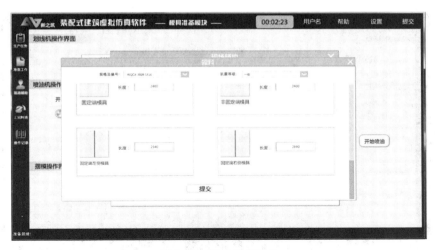

图 2-42　模具选择操作

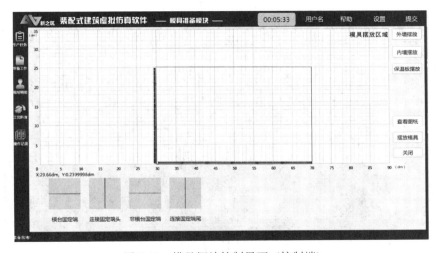

图 2-43　模具摆放控制界面（控制端）

图 2-44　模具摆放虚拟界面（虚拟端）

图 2-45　模具测量及校正（控制端）

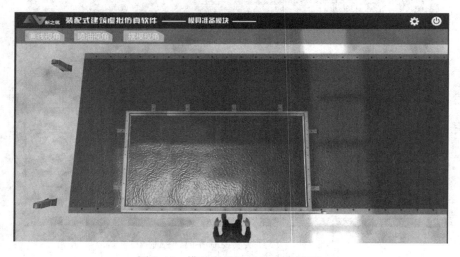

图 2-46　模具测量及校正（虚拟端）

（11）模具校正完毕后，对其进行终拧处理，如图 2-47 所示。

（12）模具固定完毕后，对模具进行脱模剂涂刷操作，涂刷完毕后运至下道工序。

（13）任务提交

待任务列表内所有任务完毕后，即可进行系统提交（若计划尚未操作完毕，但是到达练习考核时间，系统会自动提交），如图 2-48 所示。

（14）成绩查询及考核报表导出

登录管理端，即可查询操作成绩及导出详细操作报表（总成绩、操作成绩、操作记录、评分记录等），如图 2-49、图 2-50 所示。

2.2.4　知识拓展

根据标准图集 15G366-1《桁架钢筋混凝土叠合板（60mm 厚底板）》中编号为 DBD6×-××12-1 的叠合板进行模具的识读，见图 2-51，表 2-6。

图 2-47　模具终拧固定（控制端）

图 2-48　任务提交

图 2-49　考核成绩查询

【装配式建筑虚拟仿真软件】报表					
考号	15001	考生姓名	张三	制表日期	2017/7/10
开始时间	2017/7/10 9:10	结束时间	2017/7/10 10:50	操作模式	考核模式
成绩汇总表					
操作模块		模具准备			
考核总分	100	考试得分	79	备注	

生产结果信息								
构件序号	构件编号	构件类型	工况设置情况	工况解决情况	生产完成情况	操作时长（秒）	操作得分	质量得分	总得分
001	DBS2-67-3012-11	桁架叠合板	无	无	完成	6010	51.5	27.5	79

综合信息　生产计划　操作记录　评分记录　＋

图 2-50　详细考核报表

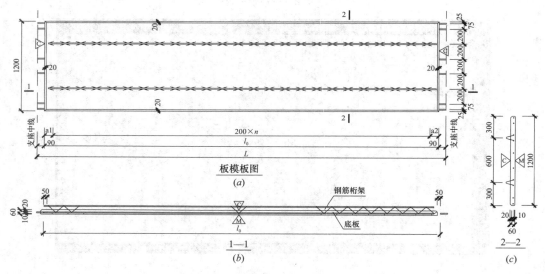

图 2-51　叠合板 DBD6×-××12-1 模板图

(a) DBD6×-××12-1 模板平面图；(b) 1—1 断面图；(c) 2—2 断面图

DBD6×-××12-1 底板参数表　　　　　　　　　　　　表 2-6

底板编号（×代表1、3）	l_0（mm）	$a1$（mm）	$a2$（mm）	n	桁架型号		
					编号	长度（mm）	重量（kg）
DBD67-2712-×	2520	60	60	12	A80	2420	4.26
DBD68-2712-×					A90		4.33
DBD69-2712-3					A100		4.40
DBD67-3012-×	2820	110	110	13	A80	2720	4.79
DBD68-3012-×					A90		4.87
DBD69-3012-3					A100		4.95

结合上面图表所标注参数，以 DBD67-2712-1 为例识读该模板的具体尺寸，具体内容如下：

（1）从平面图中可以读取出模板的净长度 $l_0 = 200n + a1 + a2 = 200 \times 12 + 60 + 60 = 2520mm$，总长度 $L = 2520 + 90 + 90 = 2700mm$，总宽度为 1200mm。

（2）从 1—1 剖面图与 2—2 剖面图中可以读取出叠合板底板厚度为 60mm，后浇叠合层混凝土厚度为 70mm；两排钢筋桁架之间的距离为 600mm，钢筋桁架的两端距离模板边缘 50mm，每一排钢筋桁架的长度 $= l_0 - 50 - 50 = 2520 - 100 = 2420mm$。图中 ▽C 代表粗糙面，▽M 代表模板面。

（3）表中 A80 代表钢筋桁架上弦钢筋公称直径为 8mm，下弦钢筋公称直径为 8mm，腹杆钢筋公称直径为 6mm，桁架设计高度为 80mm。

实例 2.3 预制混凝土楼梯模具准备与安装

2.3.1 实例分析

构件生产厂技术员赵某接到某工程预制钢筋混凝土板式楼梯生产的模具准备与安装任务，其中一块楼梯选自标准图集 15G367-1《预制钢筋混凝土板式楼梯》中编号为 ST-28-24 的板式楼梯。该板式楼梯所属工程的结构及环境特点如下：

该工程为政府保障性住房，位于××西侧，××北侧，××南侧，××东侧。工程采用装配整体式混凝土剪力墙结构体系，预制构件包括：预制夹心外墙、预制内墙、预制叠合楼板、预制楼梯、预制阳台板及预制空调板。该工程地上 11 层，地下 1 层，标准层层高 2.8m，抗震设防烈度 7 度，结构抗震等级三级。外墙板按环境类别一类设计，厚度为 200mm，建筑面层为 50mm，采用混凝土强度等级为 C30，坍落度要求 35～50mm。

由于模具准备与安装的主要内容是完成模台准备、划线、脱膜剂喷涂、模具摆放与校正等工序，因此，技术员赵某现需要完成板式楼梯 ST-28-24 模具的准备与安装工作，其板式楼梯模板示意图如图 2-52 所示。

2.3.2 相关知识

1. 楼梯模具特点

楼梯模具可分为卧式和立式两种，卧式模具占用场地大，需要压光的面积较大，构件需多次翻转，故推荐设计为立式楼梯模具。模具安装重点为楼梯踏步的处理，由于踏步成波浪形，钢板需折弯后拼接，拼缝的位置宜放在既不影响构件效果又便于操作的位置，拼缝的处理可采用焊接或冷拼接工艺，需要特别注意的是拼缝处的密封性，严禁出现漏浆现象，楼梯模具示意图如图 2-53、图 2-54 所示。

2. 楼梯模具检验

楼梯模具进场后，要对照图纸对模具进行检验。

1）检验项目：梯段及平台宽度、厚度、斜长、梯段厚度，踏步高度、宽度、平整度，休息平台厚度、宽度，预埋件中心线位置、螺栓位置，楼梯底面表面平整度。

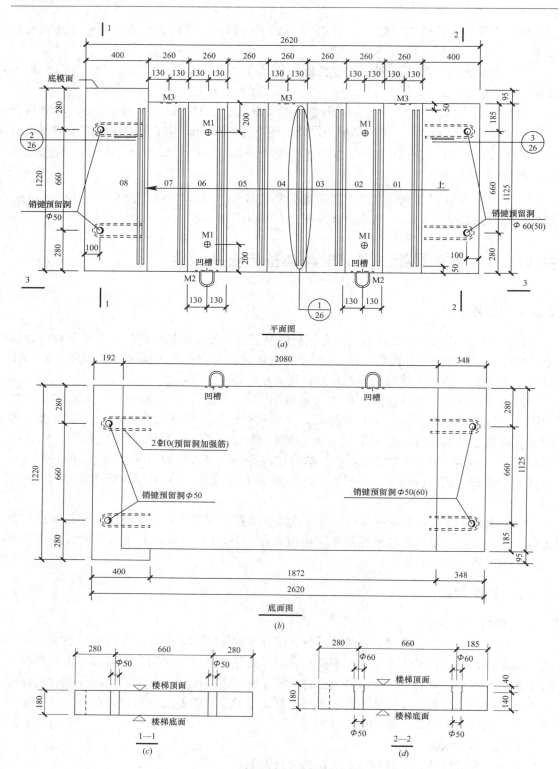

图 2-52　板式楼梯 ST-28-24 模板示意图（一）

（a）ST-28-24 模板图（平面图）；（b）ST-28-24 模板图（底面图）；（c）1—1 断面图；（d）2—2 断面图

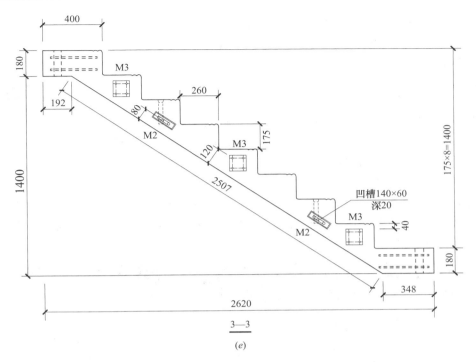

图 2-52　板式楼梯 ST-28-24 模板示意图（二）

（e）3—3 断面图

图 2-53　楼梯的平打（卧式）模具　　　　图 2-54　楼梯的立打模具

2）检验要求：严格按照图纸设计尺寸进行检验，误差范围必须在图纸要求范围内，超出允许误差的及时调整并复验，合格后方可进行下一步施工。

3）检验方法及数量：跟踪检测、全数检查。

4）检验工具：钢尺、施工线、吊锤、靠尺、塞尺。

3. 楼梯模具组装

1）组装要求：模具内浮浆、焊渣、铁锈及各种污物应清理干净，脱模剂应涂刷均匀，密封胶及双面胶带应在清理后及时打注与粘贴，防止密封胶凝固不好造成楼梯漏浆严重影响楼梯表观质量，合模时应注意上下口应一致，避免出现成品左右厚度不一。楼梯模具下部缝隙较大的，应填满塞实后进行密封。

  2）检验方法及数量：全程跟踪观察，全数检查。

  3）检验工具：钢尺，吊锤、施工线。

2.3.3　任务实施

2-3　楼梯模具准备与安装视频

  以标准图集 15G367-1《预制钢筋混凝土板式楼梯》中编号为 ST-28-24 板式楼梯为实例通过装配式建筑虚拟仿真实训软件进行仿真操作。具体操作步骤如下：

  （1）练习或考核计划下达

  计划下达分两种情况，第一种：练习模式下学生根据学习需求自定义下达计划。第二种：考核模式下教师根据教学计划及检查学生掌握情况下达计划并分配给指定学生进行训练或考核，如图 2-55、图 2-56 所示。

图 2-55　学生自主下达计划

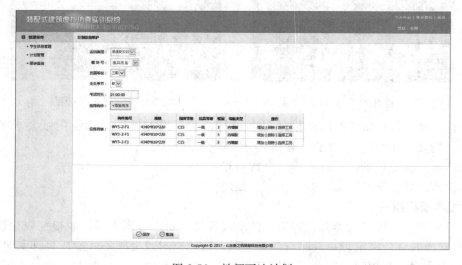

图 2-56　教师下达计划

（2）登录系统查询操作任务

输入用户名及密码登录系统，如图 2-57 所示。

图 2-57　系统登录

（3）登录系统后查询生产任务，根据任务列表，明确任务内容，如图 2-58 所示。

图 2-58　查询生产任务

（4）系统分控制端软件和 3D 虚拟端软件，控制端软件为仿真构件生产厂二维组态控制界面，虚拟端为 3D 仿真工厂生产场景。虚拟场景设备动作及状态受控制端操作控制，如图 2-59、图 2-60 所示。

（5）根据预制构件生产厂生产标准，在工作进行前首先要进行产前准备，其中包括着装检查和卫生检查，如图 2-61 所示。

（6）模具选择

选择符合制作要求的楼梯钢模，如图 2-62 所示。

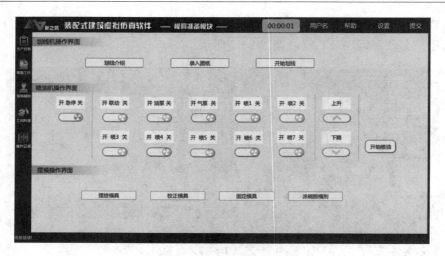

图 2-59　控制端软件

图 2-60　3D 虚拟端软件

图 2-61　生产前检查

图 2-62　选择楼梯钢模

（7）模具组装

根据选择的楼梯模具进行模具组装，如图 2-63 所示。

图 2-63　模具组装

（8）模具检测与校正

严格按照图纸设计尺寸进行检验，控制尺寸符合图纸要求。检验结果必须在图纸要求的误差范围内，超出允许误差的及时调整并复验，如图 2-64 所示。

（9）模具清理

清理模具上残留混凝土及其他污渍，如图 2-65 所示。

（10）涂刷脱模剂

使用毛刷对模具内侧进行脱模剂涂刷，涂刷均匀全面，合格后方可进入下一道程序，如图 2-66 所示。

（11）任务提交

待任务列表内所有任务完毕后，即可进行系统提交（若计划尚未操作完毕，但是到达练习考核时间，系统会自动提交），如图 2-67 所示。

图 2-64　模具检测与校正

图 2-65　模具清理

图 2-66　涂刷脱模剂

图 2-67 任务提交

（12）成绩查询及考核报表导出

登录管理端，即可查询操作成绩及导出详细操作报表（总成绩、操作成绩、操作记录、评分记录等），如图 2-68 所示。

（a）

【装配式建筑虚拟仿真实训系统】报表

考号	2	考生姓名	李四	制表日期	2017/10/13
开始时间	2017/10/13 16:28	结束时间	2017/10/13 16:28	实训类型	单模块实训

成绩汇总表

操作模块	模具准备				
考核总分	100	考试得分	51	备注	

生产结果信息

序号	构件编号	构件用途	规格	强度等级	楼层	抗震等级	墙板类型	季节	工况设置
1	ST-28-24	单模块实训	2420*1220*1620	C30	3	三级	预制楼梯	一级	
2									
3									
4									
5									
6									
7									

综合信息 生产计划 操作记录 评分记录

（b）

图 2-68 成绩查询及考核报表

（a）考核成绩查询；（b）详细考核报表

2.3.4　知识拓展

根据标准图集 15G367-1《预制钢筋混凝土板式楼梯》中编号为 JT-28-25 的板式楼梯进行模具的识读，如图 2-69 所示。

根据图纸所标注参数可得出 JT-28-25 模具摆放时的具体尺寸。具体内容如下：

（1）从平面图中可读取出钢筋混凝土板式楼梯模具的具体尺寸，即长度 4900mm，宽度 1225mm，上端有两个 φ50 的销键预留洞，洞口间距离为 770mm，上端预留洞口至模板边缘距离为 100mm、200mm 和 255mm；下端有两个 φ60（50）的销键预留洞，洞口间距离为 770mm，下端预留洞口至模板边缘距离为 100mm、200mm 和 255mm。楼梯侧面有两个用于构件脱模用的预埋件 M2，采用的是吊环，也可选用内埋式螺母等其他形式。平面图中有八个与模板边缘距离为 200mm、相邻距离为 150mm 的 M1，仅为施工过程中的吊装预埋件。

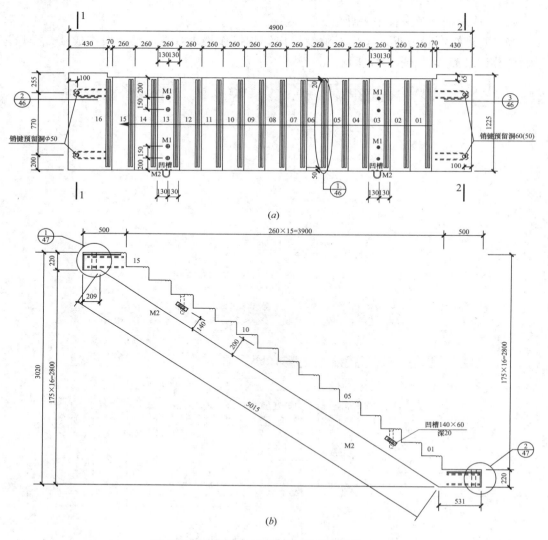

图 2-69　板式楼梯 JT-28-25 模板示意图（一）

（a）JT-28-25 模板图（平面图）；（b）JT-28-25 模板图（正立面图）

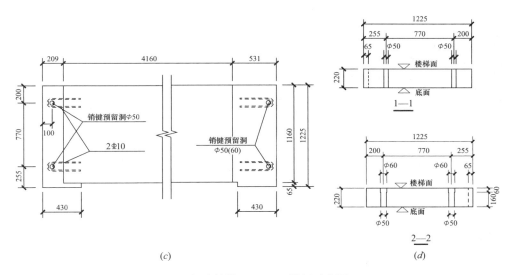

图 2-69　板式楼梯 JT-28-25 模板示意图（二）

（c）JT-28-25 模板图（底面图）；（d）断面图

（2）从正立面图中可以读取出楼梯模板立面的详细尺寸，即底板斜长 5015mm，下端水平长度 531mm 和 500mm，上端水平长度 209mm 和 500mm；竖直方向与梯梁相连处的厚度 220mm，楼梯每一个踢面的高度 175mm，总垂直高度 3020mm，梯板垂直厚度 200mm，预埋件 M2 至梯板底面垂直厚度 140mm。

小结

本部分针对装配式混凝土构件中三种典型预制混凝土构件模具：墙、板、楼梯的模具分别从模具准备与安装两个步骤进行了介绍。模具准备模块是混凝土构件生产仿真实训系统的模块之一，主要是完成模台准备、划线、脱膜剂喷涂、模具摆放与校正、保温材料准备等工序，可以根据标准图集结合课程教学进行技能点训练，是工程案例的重要工艺环节。为让学生了解到现场施工过程，本部分借助装配式建筑虚拟仿真案例实训平台，以标准图集 15G365-1《预制混凝土剪力墙外墙板》中的夹心墙板为实例进行模具准备模块的模拟实训。模具组装环节应按照组装顺序进行，对于特殊构件，钢筋可先入模后组装，同时应根据生产计划合理组合模具，充分利用模台。

习题

1. 简述模具制作加工工序。
2. 模具准备模块的操作工作需要哪些工序？
3. 模具主要包括哪些种类？
4. 预制混凝土构件模具使用要求有哪些？
5. 简述外墙板和内墙板模具防漏浆设计要点。

6. 模具加固设计要点是什么？

7. 模具设计图包括哪些？

8. 预制叠合板模具的边模可分为哪几种？

9. 叠合楼板模具设计时应注意哪些要点？

10. 预制楼梯模具进场后检验项目有哪些？

任务 3　钢筋及预埋件施工

实例 3.1　预制混凝土剪力墙钢筋及预埋件施工

3.1.1　实例分析

构件生产厂技术员王某接到某工程预制混凝土剪力墙外墙的生产任务，其中标准层一块带一个窗洞的矮窗台外墙板选用了标准图集 15G365-1《预制混凝土剪力墙外墙板》中编号为 WQCA-3028-1516 的内叶板。该内叶板所属工程的结构及环境特点如下：

该工程为政府保障性住房，位于××西侧，××北侧，××南侧，××东侧。工程采用装配整体式混凝土剪力墙结构体系，预制构件包括：预制夹心外墙、预制内墙、预制叠合楼板、预制楼梯、预制阳台板及预制空调板。

王某现需结合标准图集中内叶板 WQCA-3028-1516 的配筋图（图 3-1）及工程结构特点，指导工人进行钢筋及预埋件施工。

3.1.2　相关知识

1. 预制混凝土剪力墙分类

预制混凝土剪力墙是指在工厂或现场预先制作的钢筋混凝土墙体。

预制混凝土剪力墙可分为预制实心剪力墙和预制叠合剪力墙。

（1）预制实心剪力墙

1）预制实心混凝土剪力墙（图 3-2）是指将混凝土剪力墙在工厂预制成实心构件，并在现场通过预留钢筋主体结构相连接。随着灌浆套筒在预制剪力墙中的使用，预制实心剪力墙的使用越来越广泛。

2）预制混凝土夹心保温剪力墙（图 3-3）是一种结构保温一体化的预制实心剪力墙，由外叶、内叶和中间层三部分组成。内叶是预制混凝土实心剪力墙，中间层为保温隔热层，外叶为保温隔热层的保护层。保温隔热层与内外叶之间采用拉结件连接。拉结件可以采用玻璃纤维钢筋或不锈钢拉结件。预制混凝土夹心保温剪力墙通常作为建筑物的承重外墙。

（2）预制叠合剪力墙

预制叠合剪力墙（图 3-4）是指一侧或两侧均为预制混凝土墙板，在另一侧或中间部位现浇混凝土，从而形成共同受力的剪力墙结构。

2. 预制混凝土剪力墙钢筋及预埋件施工材料要求

（1）钢筋

钢筋是指钢筋混凝土用钢材，包括光圆钢筋、带肋钢筋（螺纹钢筋）。按照生产工艺不同，钢筋分为低合金钢筋（HRB）、余热处理钢筋（RRB）和细晶粒钢筋（HRBF）。按

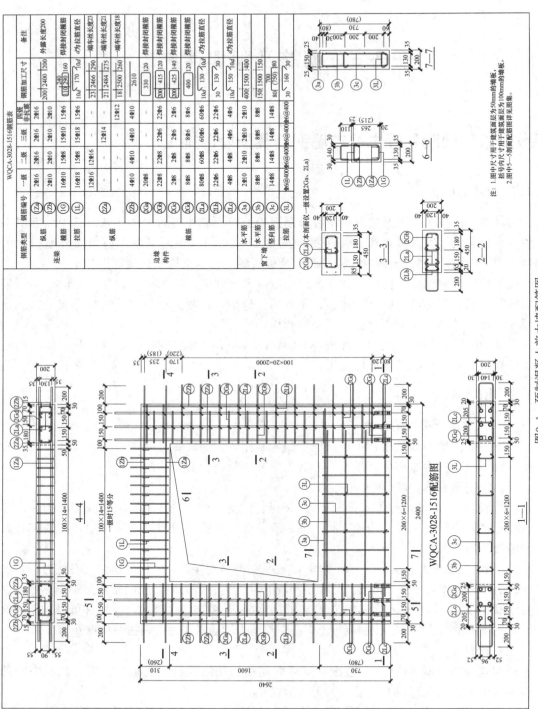

图3-1 预制混凝土剪力墙配筋图

图 3-2　预制实心混凝土剪力墙

图 3-3　预制混凝土夹心保温剪力墙

照强度等级划分，钢筋分为Ⅰ级钢筋、Ⅱ级钢筋、Ⅲ级钢筋、Ⅳ级钢筋等。其中，Ⅰ级钢筋为圆钢，牌号为 HPB300；Ⅱ级钢筋、Ⅲ级钢筋、Ⅳ级钢筋均为螺纹钢筋，常用的钢筋牌号为：Ⅱ级钢筋 HRB335（E）、RRB335 和 HRBF335（E）；Ⅲ级钢筋 HRB400（E）、RRB400 和 HRBF400（E）；Ⅳ级钢筋 HRB500（E）、RRB500 和 HRBF500（E）。钢筋牌号后加"E"的为抗震专用钢筋。

（2）钢筋连接灌浆套筒

钢筋连接灌浆套筒是通过水泥基灌浆料的传力作用将钢筋对接连接所用的金属套筒。

钢筋连接灌浆套筒按照结构形式分类，分为半灌浆套筒和全灌浆套筒（图 3-5）。前者一端采用灌浆方式与钢筋连接，而另一端采用非灌浆方式与钢筋连接（通常采用螺纹连接）；后者两端均采用灌浆方式与钢筋连接。

图 3-4　预制叠合剪力墙

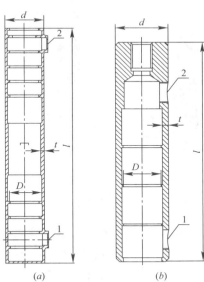

图 3-5　灌浆套筒示意图

（a）全灌浆套筒；（b）半灌浆套筒

1—灌浆孔；2—排浆孔；l—套筒总长；d—套筒外径；
D—套筒锚固段环形突起部分的内径；t—套筒最大受力处壁厚

需要说明的是：D 不包括灌浆孔、排浆孔外侧因导向、定位等其他目的而设置的比锚固段定环形突起内径偏小的尺寸。

全灌浆套筒常用于预制梁钢筋连接，也可用于预制墙和柱的连接；半灌浆套筒常用于预制墙、柱钢筋连接（图 3-6）。

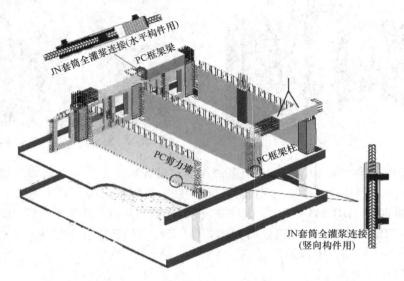

图 3-6 按结构形式灌浆套筒分类及应用

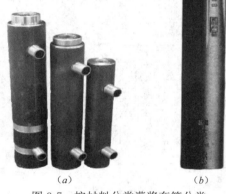

图 3-7 按材料分类灌浆套筒分类

(a) 钢制机加工半灌浆套筒；

(b) 铸造全灌浆套筒

钢筋连接灌浆套筒按照材料分类，分为机加工套筒和铸造套筒（图 3-7）。

（3）灌浆出浆管

灌浆出浆管是套筒灌浆接头与构件外表面联通的通道，需要保证生产中灌浆出浆管与灌浆套筒连接处连接牢固，且可靠密封，管路全长内管路内截面圆形饱满，保证灌浆通路顺畅（图 3-8）。选用的灌浆出浆管内（外）径尺寸精确，与套筒接头（孔）相匹配，安装配合紧密，无间隙、密封性能好；管壁坚固不易破损或压瘪，弯曲时不易折叠或扭曲变形影响管道内径，首选硬质 PVC 管，其次薄壁 PVC 增强塑料软管。

图 3-8 灌浆出浆管

（4）套筒固定组件

套筒固定组件（图 3-9）是装配式混凝土结构预制构件生产的专用部件，使用该组件可将灌浆套筒与预制构件的模板进行连接和固定，并将灌浆套筒的灌浆腔口密封，防止预制构件混凝土浇筑、振捣中水泥浆侵入套筒内。

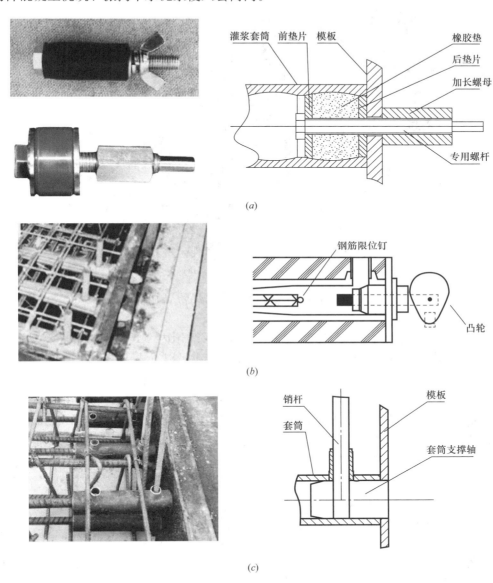

（a）

（b）

（c）

图 3-9　套筒固定组件

（a）螺母锁紧挤压式固定件；（b）凸轮挤压式固定件；（c）销轴固定式固定件

（5）外墙保温连接件

外墙保温拉结件是用于连接预制保温墙体内、外层混凝土墙板，传递墙板剪力，以使内外层墙板形成整体的连接器（图 3-10）。拉结件宜选用纤维增强复合材料或不锈钢薄钢板加工制成。外墙保温连接件应符合下列规定：

1）金属及非金属材料拉结件均应具有规定的承载力、变形和耐久性能，并应经过试验验证；

2）拉结件应满足防腐和耐久性要求；

3）拉结件应满足夹心外墙板的节能设计要求。

图 3-10　外墙保温拉结件

拉结件宜选用玻璃纤维增强非金属连接件，应满足防腐和耐久性要求。

（6）吊环

吊环应采用未经冷加工的 HPB300 钢筋制作。吊装用内埋式螺母、吊杆及配套吊具，应根据相应的产品标准和设计规定选用。吊装配件应满足以下要求：

1）预制构件用吊装配件的位置应能保证构件在吊装、运输过程中平稳受力。设置预埋件、吊环、吊装孔及各种内埋式预留吊具时，并对构件在该处承受吊装和在作用的效应进行承载能力的复核验算。并采取相应的构造措施，避免吊点处混凝土局部破坏。

2）内埋式螺母或内埋式吊杆的设计与构造，应满足起吊方便和吊装安全的要求。专用内埋式螺母或内埋式吊杆及配套的吊具，应根据相应的产品标准和应用技术规程选用。

3）吊环锚入混凝土的长度不应小于 $30d$（d 为吊环直径），并应焊接或绑扎在钢筋骨架上。在构件的自重标准值作用下，每个吊环按 2 个截面计算的吊环应力不应大于 65N/mm；当在一个构件上设有 4 个吊环时，设计时应仅取 3 个吊环进行计算。

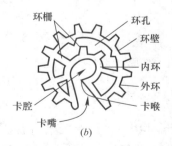

（a）　　　　　　　　　　（b）

图 3-11　控制混凝土保护层用的塑料卡

（a）塑料垫块；（b）塑料环圈

（7）塑料卡

塑料卡的形状有两种：塑料垫块和塑料环圈（图 3-11）。塑料垫块用于水平构件（如梁、板），在两个方向均有凹槽，以便适应两种保护层厚度。塑料环圈用于垂直构件（如柱、墙），使用时钢筋从卡嘴进入卡腔；由于塑料环圈有弹性，可使卡腔的大小能适应钢筋直径的变化。

3. 预制混凝土剪力墙生产工艺流程

预制混凝土剪力墙在工厂按照构件设计制作图要求进行生产制作。预制混凝土剪力墙生产时，应根据构件型号、形状、重量等特点制定相应的工艺流程和生产方案，明确质量要求和控制要点，对预制混凝土剪力墙进行生产全过程质量控制和管理。在预制混凝土剪力墙生产之前应对各工序进行技术交底，上道工序未经检查验收合格，不得进行下道工序。预制混凝土剪力墙验收合格后应统一进行标识，标识应满足唯一性和可追溯性要求。预制混凝土剪力墙生产工艺流程如图 3-12 所示。

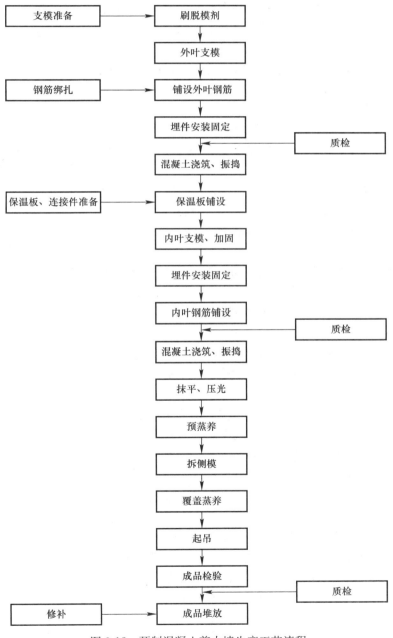

图 3-12　预制混凝土剪力墙生产工艺流程

4. 预制混凝土剪力墙钢筋及预埋件施工流程

钢筋及预埋件施工流程包括：钢筋及预埋件进场验收→钢筋及预埋件存放→钢筋配料与代换→钢筋加工→钢筋连接→钢筋及预埋件安装。

（1）钢筋及预埋件进场验收

钢筋及预埋件进场应进行验收，验收项目包括：查对标牌、检查外观和力学性能检验，验收合格后方可使用。

1）查对标牌

产品合格证、出厂检验报告是产品质量的证明资料，因此，钢筋混凝土工程中所用的钢筋，必须有钢筋产品合格证和出厂检验报告（有时两者可以合并）。

进场的每捆（盘）钢筋（丝）均应有标牌，一般不少于两个，标牌上应有供货方厂标、钢号、炉罐（批）号等标记，验收时应查对标牌上的标记是否与产品合格证和出厂检验报告上的相关内容一致。

2）检查外观

钢筋的外观检查包括：钢筋应平直、无损伤；钢筋表面不得有裂纹、油污、颗粒状或片状锈蚀；钢筋表面凸块不允许超过螺纹的高度；钢筋的外形尺寸应符合有关规定。

3）力学性能检验

钢筋进场时应按炉罐（批）号及直径分批验收，并按现行国家标准《钢筋混凝土用钢 第 2 部分：热轧带肋钢筋》GB 1499.2、《钢筋混凝土用钢　第 1 部分：热轧光圆钢筋》GB 1499.1 等的规定抽取试件做力学性能检验，合格后方可使用（应有进场复验报告）。钢筋作力学性能检验的抽样方法如下：

① 热轧钢筋以同规格、同炉罐（批）号的不多于 60t 的钢筋为一批，从每批中任选两根钢筋，每根钢筋取两个试件，分别做拉力试验和冷弯试验。

② 热处理钢筋以同规格、同热处理方法和同炉罐（批）号的不多于 60t 的钢筋为一批，从每批中选取 10％的钢筋（且不少于 25 盘）做拉力试验。

③ 碳素钢丝、刻痕钢丝以同钢号、同规格、同交货条件的钢丝为一批，从每批中选取 10％（且不少于 15 盘）的钢丝，从每盘钢丝的两端各截取一个试件，一个做拉力试验，一个做反复弯曲试验。

④ 钢绞线以同钢号、同规格的不多于 10t 的钢绞线为一批，从每批中选取 15％的钢绞线（且不少于 10 盘），各截取一个试件做拉力试验。

⑤ 冷拉钢筋以同级别、同直径的不多于 20t 的钢筋为一批，从每批中任选两根钢筋，每根钢筋取两个试件，分别做拉力试验和冷弯试验。

⑥ 冷拔钢丝甲级钢丝逐盘检查，从每盘钢丝上任一端截去不少于 500mm 后再取两个试件，分别做拉力试验和冷弯试验；乙级钢丝以同一直径的 5t 钢丝为一批，从中任取 3 盘，每盘各取两个试件，分别做拉力试验和冷弯试验。

钢筋力学性能试验，如有一项试验结果不符合国家标准要求，则从同一批钢筋中取双倍试件重做试验，如仍不合格，则该批钢筋为不合格品，不得在工程中使用。

对有抗震设防要求的结构，其纵向受力钢筋的强度应满足设计要求；当设计无具体要求时，对一、二、三级抗震等级设计的框架和斜撑构件（含梯级）中的纵向受力钢筋应采用 HRB335E、HRB400E、HRB500E、HRBF335E、HRBF400E 或 HRBF500E 钢筋，其强度和最大力下总伸长率的实测值应符合下列规定：

① 钢筋的抗拉强度实测值与屈服强度实测值的比值不应小于1.25；

② 钢筋的屈服强度实测值与屈服强度标准值不应大于1.3；

③ 钢筋的最大力下总伸长率不应小于9％。

当发现钢筋脆断、焊接性能不良或力学性能显著不正常等现象时，应立即停止使用，并对该批钢筋进行化学成分检验或其他专项检验。

（2）钢筋存放

1）进入施工现场的钢筋，必须严格按批分等级、钢号、直径等挂牌存放。

2）钢筋应尽量放入库房或料棚内，露天堆放时，应选择地势较高、平坦、坚实的场地。

3）钢筋的堆放应架空，离地不小于200mm。在场地或仓库周围，应设排水沟，以防积水。

4）钢筋在运输或储存时，不得损坏标志。

5）钢筋不得和酸、盐、油类等物品放在一起，也不能和可能产生有害气体的车间靠近。

6）加工好的钢筋要分工程名称和构件名称编号、挂牌堆放整齐。

（3）钢筋配料与代换

钢筋配料是根据构件配筋图，先绘出各种形状和规格的单根钢筋简图并加以编号，然后分别计算钢筋下料长度和根数，填写配料单，申请加工。钢筋配料是确定钢筋材料计划，进行钢筋加工和结算的依据。

1）钢筋配料

结构施工图中所指钢筋长度是钢筋外缘之间的长度，即外包尺寸，这是施工中量度钢筋长度的基本依据。各种钢筋配料长度计算如下：

$$直钢筋配料长度 = 构件长度 - 保护层厚度 + 弯钩增长值$$

$$弯起钢筋配料长度 = 直段长度 + 斜段长度 - 弯曲调整值 + 弯钩增长值$$

$$箍筋配料长度 = 箍筋周长 + 箍筋调整值$$

如钢筋需要连接，则应考虑钢筋连接工艺引起的钢筋配料长度变化。

钢筋配料受到混凝土保护层、弯曲调整值、弯钩增长值、箍筋调整值等影响，具体如下：

① 混凝土保护层厚度：指从混凝土表面到最外层钢筋（包括箍筋、构造筋、分布筋等）公称直径外边缘之间的最小距离，其作用是保护钢筋在混凝土结构中不受锈蚀。根据《混凝土结构设计规范》GB 50010—2010 的规定，设计使用年限50年的混凝土结构，对混凝土保护层最小厚度见表3-1。

混凝土保护层的最小厚度 c（mm） 表3-1

环境等级	板、墙、壳	梁、柱
一	15	20
二 a	20	25
二 b	25	35
三 a	30	40
三 b	40	50

注：1. 混凝土强度等级不大于C25时，表中保护层厚度数值应增加5mm；

2. 钢筋混凝土基础应设置混凝土垫层，其纵向受力钢筋的混凝土保护层厚度应从垫层顶面算起，且不小于40mm。

② 弯曲调整值：钢筋弯曲后在弯曲处内皮收缩、外皮延伸、轴线长度不变；弯起钢筋的量度尺寸大于下料尺寸，两者之间的差值称为弯曲调整值。弯曲调整值，根据理论推算并结合实践经验，列于表 3-2。

钢筋弯曲调整值					表 3-2
钢筋弯曲角度	30°	45°	60°	90°	135°
钢筋弯曲调整值	0.35d	0.5d	1d	2d	2.5d

注：表中 d 为钢筋直径。

③ 弯钩增长值（表 3-3）：钢筋的弯钩形式主要有三种：半圆弯钩（180°）、直弯钩（90°）及斜弯钩（135°）。半圆弯钩是最常用的形式，即弯钩。受力钢筋的弯钩应符合下列要求：

A. HPB300 钢筋末端应作 180°弯钩，其弯弧内直径不应小于钢筋直径的 2.5 倍，弯钩的弯后平直部分长度不应小于钢筋直径的 3 倍。

B. 当设计要求钢筋末端需作 135°弯钩时，HRB335、HRB400 钢筋的弯弧内直径不应小于钢筋直径的 4 倍，弯钩的弯后平直部分长度应符合设计要求。

C. 钢筋做不大于 90°的弯折时，弯折处的弯弧内直径不应小于钢筋直径的 5 倍。

D. 除焊接封闭环式箍筋外，箍筋的末端应作弯钩，弯钩形式应符合设计要求，当无具体要求时，应符合下列要求：箍筋弯钩的弯弧内直径除应满足上述要求外，尚应不小于受力钢筋直径；箍筋弯钩的弯折角度：对一般结构不应小于 90°。对于有抗震等要求的结构应为 135°；箍筋弯后平直部分长度：对一般结构不宜小于箍筋直径的 5 倍；对于有抗震要求的结构，不应小于箍筋直径的 10 倍。

弯钩增加值			表 3-3
种类	90°	135°	180°
弯钩增加值	根据设计要求或规范确定	有抗震要求：$1.9d + \max(10d, 75)$ 无抗震要求：$6.9d$	6.25d

2）钢筋代换

当施工中遇到钢筋品种或规格与设计要求不符时，应在办理设计变更文件，征得设计单位同意后，参照以下原则进行钢筋代换。

① 等强度代换方法：当构件配筋受强度控制时，可按代换前后强度相等的原则代换。若施工图中钢筋设计强度为 f_{y1}，钢筋总面积为 A_{S1}，代换后的钢筋设计强度为 f_{y2}，钢筋总面积为 A_{S2}，则应使：

$$A_{S1} f_{y1} \leqslant A_{S2} f_{y2} \quad 即 \quad n_2 \geqslant \frac{n_1 d_1^2 f_{y1}}{d_2^2 f_{y2}}$$

式中 n_2——代换钢筋根数；

       n_1——原设计钢筋根数；

       d_2——代换钢筋直径；

       d_1——原设计钢筋直径。

② 等面积代换方法：当构件按最小配筋率配筋时，可按代换前后面积相等的原则进行代换。代换时应满足下式要求：

$$A_{S1} \leqslant A_{S2} \qquad 即 \quad n_2 \geqslant \frac{n_1 d_1^2}{d_2^2}$$

式中符号同上。

③ 代换注意事项：钢筋代换时，应办理设计变更文件，并符合下列规定：

A. 对某些重要构件（如吊车梁、薄腹梁、彬架下弦等），不宜用 HPB300 级光圆钢筋代替 HRB335 和 HRB400 级带肋钢筋，以免裂缝开展过大。

B. 钢筋代换后，应满足现行《混凝土结构设计规范》中所规定的钢筋间距、锚固长度、最小钢筋直径、根数等配筋构造要求。

C. 梁的纵向受力钢筋与弯起钢筋应分别代换，以保证正截面与斜截面强度。

D. 有抗震要求的梁、柱和框架，不宜以强度等级较高的钢筋代换原设计中的钢筋；如必须代换时，其代换的钢筋检验所得的实际强度，尚应符合抗震钢筋的要求。

E. 当构件受裂缝宽度或挠度控制时，钢筋代换后应进行刚度、裂缝验算。

（4）钢筋加工

钢筋的加工内容有除锈、钢筋的冷拉、调直、下料剪切及弯曲成型。

1）除锈：钢筋的表面应洁净。油渍、漆污和用锤敲击时能剥落的浮皮、铁锈等应在使用前清除干净。在焊接前，焊点处的水锈应清除干净。

钢筋除锈一般可以通过以下两个途径：大量钢筋除锈可在钢筋冷拉或钢筋调直机调直过程中完成；少量的钢筋局部除锈可采用电动除锈机或人工用钢丝刷、砂盘及喷砂和酸洗等方法进行。

2）钢筋的冷拉：在常温下对钢筋进行强力拉伸，以超过钢筋的屈服强度的拉应力，使钢筋产生塑性变形，达到调直钢筋、提高强度的目的。

3）调直：钢筋调直宜采用机械方法，也可以采用冷拉。对局部曲折、弯曲或成盘的钢筋在使用前应加以调直。钢筋调直方法很多，常用的方法是使用卷扬机拉直和用调直机调直。

4）下料切断：切断前，应将同规格钢筋长短搭配，统筹安排，一般先断长料，后断短料，以减少短头和损耗；钢筋切断可用钢筋切断机或手动剪切器。

5）弯曲成型：钢筋弯曲的顺序是画线、试弯、弯曲成型；画线主要根据不同的弯曲角在钢筋上标出弯折的部位，以外包尺寸为依据，扣除弯曲量度差值。钢筋弯曲方式有人工弯曲和机械弯曲。

（5）钢筋连接

钢筋连接是装配式混凝土结构安全的关键之一。节点设计实现强节点，弱构件的原则，在节点设计上使装配式混凝土结构具有与现浇混凝土结构完全等同的整体性能、稳定性能和耐久性能。

由于钢筋通过连接接头传力的性能不如整根钢筋，因此设置钢筋连接原则为：钢筋接头宜设置在受力较小处，同一根钢筋上宜少设接头，同一构件中的纵向受力钢筋接头宜相互错开。

装配式混凝土建筑中，预制构件可以采用的钢筋连接方法有：套筒灌浆连接法、约束钢筋浆锚搭接法等。

1）套筒灌浆连接法

套筒灌浆连接是将带肋钢筋插入内腔为凹凸表面的灌浆套筒，在套筒与钢筋的间隙灌注并充满专用高强水泥基灌浆料，灌浆料凝固后将钢筋锚固在套筒内而实现的一种钢筋连接方法（图3-13）。该方法是当灌浆料受到套筒的约束作用后，灌浆料与套筒内侧筒壁间产生较大的正向应力，钢筋通过正向应力在其带肋的粗糙表面产生摩擦力，传递钢筋轴向应力。

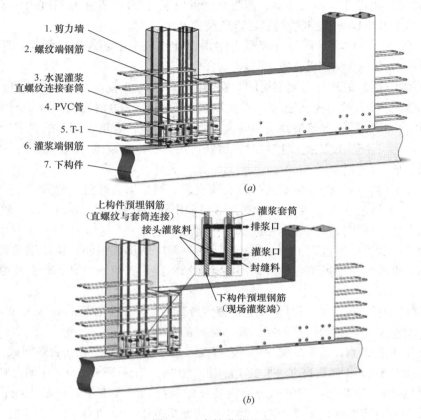

1. 剪力墙
2. 螺纹端钢筋
3. 水泥灌浆直螺纹连接套筒
4. PVC管
5. T-1
6. 灌浆端钢筋
7. 下构件

(a)

上构件预埋钢筋
（直螺纹与套筒连接）
接头灌浆料
灌浆套筒
排浆口
灌浆口
封缝料
下构件预埋钢筋
（现场灌浆端）

(b)

图3-13　套筒灌浆连接

我国现行国家规范《装配式混凝土结构技术规程》JGJ 1—2014中规定一级抗震等级剪力墙及二、三级抗震等级底层加强部位，剪力墙的边缘构件竖向钢筋宜采用套筒灌浆连接。

《钢筋套筒灌浆连接应用技术规程》JGJ 355—2015对材料、接头性能、设计等进行要求，同时加入接头型式检验，考虑检验条件、检验试件和检验项目，对灌浆料强度范围进行了确定，对于标养28d灌浆料强度在85MPa，其接头拉伸试验当天灌浆料的有效抗压强度为80~95MPa。同时也确定了若试验时间过晚而造成灌浆料强度超过上限，则接头试件将作废。

钢筋套筒宜采用球墨铸铁，铸造工艺成型，钢筋套丝后，要求丝扣全部扭入套筒内。钢筋采用套筒连接时，宜采用受力钢筋通过套筒直接连接，不宜采用钢筋通过套筒连接后再搭接连接。

套筒灌浆连接技术原理及工艺。套筒灌浆连接，将无收缩水泥灌浆料灌入连接套筒，充满被连接钢筋和连接套筒内间隙，待浆料硬化后，即将两钢筋连接在一起。构件预制时，将一端钢筋插入连接套筒，密封、固定，浇筑混凝土，制成构件；现场连接时，将构件中连接套筒另一端套在另一构件所伸出的连接钢筋上，封闭灌浆腔，用泵将灌浆料压入套筒及构件间隙。

A. 材料和人员。采用套筒灌浆连接应采用由接头型式检验确定的相匹配的灌浆套筒、灌浆料。接头连接施工的操作人员应经专业培训后上岗。

B. 接头工艺检验。灌浆施工前，应对不同钢筋生产企业的进场钢筋进行接头工艺检验；施工过程中，当更换钢筋生产企业，或同生产企业生产的钢筋外形尺寸与已完成工艺检验的钢筋有较大差异时，应再次进行工艺检验。接头工艺检验应符合下列规定：

灌浆套筒埋入预制构件时，工艺检验应在预制构件生产前进行；当现场灌浆施工单位与工艺检验时的灌浆单位不同，灌浆前应再次进行工艺检验。工艺检验应模拟施工条件制作接头试件，并按接头提供单位提供的施工操作要求进行；每种规格钢筋应制作 3 个对中套筒灌浆连接接头，并应检查灌浆质量；采用灌浆料拌合物制作的 40mm×40mm×160mm 试件不应少于 1 组。接头试件及灌浆料试件应在标准养护条件下养护 28d。

灌浆套筒进场后，应抽取灌浆套筒并采用与之匹配的灌浆料制作对中连接接头，并进行抗拉强度检验。抗拉强度检验接头试件应模拟施工条件，采用接头型式检验报告试件采用的灌浆料，按施工方案制作。

接头试件及灌浆料试件应在标准养护条件下养护 28d。制作接头的灌浆料性能应符合《钢筋连接用套筒灌浆料》JG/T 408—2013 的规定；当灌浆料产品设计的抗压强度超过 JG/T 408—2013 相关指标时，还应同时符合产品企业标准。

检查数量：同一批号、同一类型、同一规格的灌浆套筒，检验批量不应大于 1000 个，每批随机抽取 3 个灌浆套筒制作接头，制作对中连接接头。

检验方法：检查质量证明文件和抽样检验报告。

灌浆套筒外观检验。批量灌浆套筒进厂时，应抽取灌浆套筒检验外观质量、标识和尺寸偏差，检验结果应符合《钢筋连接用灌浆套筒》JG/T 398—2012 及《钢筋套筒灌浆连接应用技术规程》JGJ 355—2015 的有关规定。检查数量：同一批号、同一类型、同一规格的灌浆套筒，检验批量不应大于 1000 个，每批随机抽取 10 个灌浆套筒。

检验方法：观察，尺量检查。

半灌浆套筒机械连接钢筋加工质量检验应按《钢筋机械连接技术规程》JGJ 107—2016 的有关规定执行。

对于直螺纹接头，应检查丝头直径和长度尺寸，安装拧紧扭矩和安装后套筒外露丝扣长度。

灌浆套筒外观检验：批量灌浆套筒进厂时，应抽取灌浆套筒检验外观质量、标识和尺寸偏差，检验结果应符合《钢筋连接用灌浆套筒》JG/T 398—2012 及《钢筋套筒灌浆连接应用技术规程》JGJ 355—2015 的有关规定。

检查数量：同一批号、同一类型、同一规格的灌浆套筒，检验批量不应大于 1000 个，每批随机抽取 10 个灌浆套筒。

检验方法：观察，尺量检查。

半灌浆套筒机械连接钢筋加工质量检验按《钢筋机械连接技术规程》JGJ 107—2016 的有关规定执行。对于直螺纹接头，应检查丝头直径和长度尺寸，安装拧紧扭矩和安装后套筒外露丝扣长度。

C. 构件制作。构件生产时对钢筋及灌浆套筒的安装要求如下：

采用全灌浆套筒时，连接钢筋应逐根插入灌浆套筒内，且插入深度满足设计深度要求。灌浆套筒安装钢筋时，套筒要固定在模具上，与柱底、墙底模板应垂直。与灌浆套筒连接的灌浆管、出浆管应定位准确、安装稳固。应设有封堵措施，保证构件混凝土浇筑时灌浆套筒各处不漏浆。

采用半灌浆套筒的构件，套筒的机械连接端连接的钢筋加工、安装、质量检查等要应符合《钢筋机械连接技术规程》JGJ 107—2016 的规定。

采用套筒灌浆连接时，应满足以下要求：

a. 套筒抗拉承载力应不小于连接筋抗拉承载力；套筒长度由砂浆与连接筋的握裹能力而定，要求握裹承载力不小于连接筋抗拉承载力。

b. 套筒浆锚连接钢筋可不另设，由下柱或者墙片的纵向受力筋直接外伸形成。连接筋间距不宜小于 $5d$，套筒净距不应小于 20mm。连接筋与套筒位置应完全对应，误差不得大于 2mm。

c. 连接筋插入套筒后压力灌浆，待浆液充满全部套筒后，停止灌浆，静养 1～2 天。

D. 构件隐蔽工程检查。预制构件生产中，在浇筑混凝土之前，要进行钢筋隐蔽工程的检查，包括：纵向受力钢筋的牌号、规格、数量、位置；灌浆套筒的型号、数量、位置及灌浆孔、出浆孔、排气孔的位置；钢筋的连接方式、接头位置、接头质量、接头面积百分率、搭接长度、锚固方式及锚固长度；箍筋、横向钢筋的牌号、规格、数量、间距、位置，箍筋弯钩的弯折角度及平直段长度；预埋件的规格、数量和位置。

E. 预制构件成品检查。预制构件出厂前，每件产品都要逐项做好外观检查。预制构件的成品上，与钢筋灌浆相关的检验项目：灌浆套筒的位置及外露钢筋位置和长度偏差要符合《钢筋套筒灌浆连接应用技术规程》JGJ 355—2015 的相关规定。灌浆套筒、灌浆孔和出浆孔均应通畅、无杂物。

2）约束钢筋浆锚搭接法

约束钢筋浆锚搭接连接是将钢筋拉开一定距离的搭接方式，国外称为间接锚固或间接连接。浆锚搭接连接包括螺旋箍筋约束浆锚搭接连接、金属波纹管浆锚搭接连接及其他采用预留孔洞插筋后灌浆的间接搭接连接方式（图3-14）。

纵向钢筋采用浆锚搭接连接时，对预留孔成孔工艺、孔道形状和长度、构造要求、灌浆料和被连接钢筋，应进行力学性能及适用性的试验验证。直径大于 20mm 的钢筋不宜采用浆锚搭接连接，直接承受动力荷载构件的纵向钢筋不应采用浆锚搭接连接。

3）焊接连接

钢筋常用的焊接方法有闪光对焊、电弧焊、电阻点焊、气压焊等。

① 闪光对焊：钢筋闪光对焊是将两根钢筋安放成对接形式，利用焊接电流通过两根钢筋接触点产生的电阻热，使接触点金属熔化，产生强烈飞溅，形成闪光，迅速施加顶锻力完成的一种压焊方法。

闪光对焊被广泛应用于钢筋纵向连接及预应力钢筋与螺丝端的焊接。热轧钢筋的焊接宜优先采用闪光对焊。根据钢筋级别、直径和所用焊机的功率，闪光对焊工艺可分为连续闪光焊、预热闪光焊、闪光-预热-闪光焊三种。

② 电弧焊：电弧焊是利用弧焊机使焊条与焊件之间产生高温，电弧使焊条和电弧燃

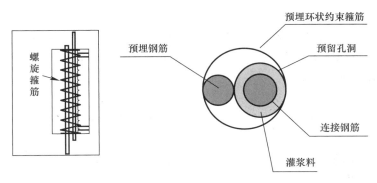

图 3-14　约束钢筋浆锚搭接

烧范围内的焊件熔化，待其凝固便形成焊缝或接头，电弧焊广泛用于钢筋接头、钢筋骨架焊接、装配式结构接头的焊接、钢筋与钢板的焊接及各种钢结构焊接。

钢筋电弧焊的接头形式有三种：搭接接头、帮条接头及坡口接头。搭接接头的长度、帮条的长度、焊缝的宽度和高度，均应符合规范的规定。

电弧焊一般要求焊缝表面应平整，不得有凹陷或焊瘤；焊接接头区域不得有裂纹；咬边深度、气孔、夹渣等缺陷允许值及接头尺寸的允许偏差，应符合相关的规定；坡口焊、熔槽帮条焊和窄间隙焊接头的焊缝余高不得大于 3mm。

③ 电阻点焊：电阻点焊主要用于小直径钢筋的交叉连接，可成型为钢筋网片或骨架，以代替人工绑扎。

④ 气压焊：钢筋气压焊是利用乙炔、氧气混合气体燃烧的高温火焰，加热钢筋结合端部，不待钢筋熔融使其高温下加压接合。气压焊的设备包括供气装置、加热器、加压器和压接器等。气压焊操作工艺如下：

A. 施焊前，钢筋端头用切割机切齐，压接面应与钢筋轴线垂直，如稍有偏斜，两钢筋间距不得大于 3mm；

B. 钢筋切平后，端头周边用砂轮磨成小八字角，并将端头附近 50～100mm 范围内钢筋表面上的铁锈、油渍和水泥清除干净。

C. 施焊时，先将钢筋固定于压接器上，并加以适当的压力使钢筋接触，然后将火钳火口对准钢筋接缝处，加热钢筋端部至 1100～1300℃，表面发深红色时，加压油泵，对钢筋施以 40MPa 以上的压力。

4）机械连接

机械连接宜用于直径不小于 16mm 的受力钢筋的连接。机械连接的连接区段长度是以套筒为中心长度 35d 的范围，在同一连接区段内的纵向受拉钢筋接头面积百分率不宜大于 50%，但对板、墙、柱及预制构件拼接处，可适当放宽。纵向受压钢筋的接头百分率可不受限制。

钢筋机械连接具有接头强度高于钢筋母材、速度比电焊快 5 倍、无污染、节省钢材20% 等优点。

A. 套筒挤压连接：套筒挤压连接是把两根待接钢筋的端头先插入一个优质钢套管，然后用挤压机在侧向加压数道，套筒塑性变形后即与带肋钢筋紧密咬合达到连接的目的。

B. 锥螺纹连接：锥螺纹连接是用锥形纹套筒将两根钢筋端头对接在一起，利用螺纹的机械咬合力传递拉力或压力。所用的设备主要是套丝机，通常安放在现场对钢筋端头进行套丝。

C. 直螺纹连接：直螺纹连接是先把钢筋端部镦粗，然后再切削直螺纹，最后用套筒实行钢筋对接。直螺纹接头强度高，不受扭紧力矩影响；连接速度快。

（6）钢筋及预埋件安装

1）准备工作

A. 核对成品钢筋的钢号、直径、形状、尺寸和数量等是否与料单料牌相符。如有错漏，应纠正增补。

B. 准备绑扎用的铁丝、绑扎工具，绑扎架等。钢筋绑扎用的铁丝，可采用 20～22 号铁丝，其中 22 号铁丝只用于绑扎直径 12mm 以下的钢筋。

C. 准备控制混凝土保护层用的塑料卡。

D. 划出钢筋位置线。钢筋接头的位置，应根据来料规格，结合有关接头位置、数量的规定，使其错开，在模板上划线。

E. 绑扎形式复杂的结构部位时，应先研究逐根钢筋穿插就位的顺序，并与模板工联系讨论支模和绑扎钢筋的先后次序，以减少绑扎困难。

2）钢筋入模、预埋件要求

钢筋骨架、钢筋网片应满足预制构件设计图要求，宜采用专用钢筋定位件，入模应符合下列要求：

A. 钢筋骨架入模时应平直、无损伤，表面不得有油污或者锈蚀。

B. 钢筋骨架尺寸应准确，骨架吊装时应采用多吊点的专用吊架，防止骨架产生变形。

C. 保护层垫块宜采用塑料类垫块，且应与钢筋骨架或网片绑扎牢固，垫块按梅花状布置，间距满足钢筋限位及控制变形要求。

D. 钢筋连接套筒、预埋件均应设计定位销、模板架等工装保证其按预制构件设计制作图准确定位和保证浇筑混凝土时不位移。拉结件安装的位置、数量和时机均应在工艺卡中明确规定。

E. 钢筋绑扎对于带飞边的外叶，需要插空增加水平分布筋，且锚入内叶部分 210mm，加强筋绑扎应当按照设计要求，与水平分布筋不在同一平面内。绑扎过程中，对于尺寸、弯折角度不符合设计要求的钢筋不得绑扎，一律退回。需要预留梁槽或孔洞时，应当根据要求绑扎加强筋。

3）剪力墙构件连接节点区域钢筋安装

剪力墙构件连接节点区域的钢筋安装应制定合理的工艺顺序，保证水平连接钢筋、箍筋、竖向钢筋位置准确；剪力墙构件连接节点区域宜采用先校正水平连接钢筋，后将箍筋套入，待墙体竖向钢筋连接完成后绑扎箍筋；剪力墙构件连接节点加密区宜采用封闭箍筋。对于带保温层的构件，箍筋不得采用焊接连接（图 3-15、图 3-16）。

预制构件外露钢筋影响现浇混凝土中钢筋绑扎时，应在预制构件上预留钢筋接驳器，待现浇混凝土结构钢筋绑扎完成后，将锚筋旋入接驳器，形成锚筋与预制构件外露钢筋之间的连接。

5. 预制混凝土剪力墙钢筋及预埋件施工技术要点

（1）连接接头

位于混凝土内的钢筋套筒灌浆连接、钢筋约束浆锚搭接连接接头的预留钢筋位置应准

图 3-15　铺设保温层安装拉接件，预设钢筋套筒和吊具

确，外露长度符合设计要求且不得弯曲；应
采用可靠的保护措施，防止钢筋污染、偏
移、弯曲。

（2）钢筋定位

钢筋下料必需严格按照设计及下料单要
求制作，首件钢筋制作，必须通知技术、质
检及相关部门检查验收，制作过程中应当定
期、定量检查，对于不符合设计要求及超过
允许偏差的一律不得绑扎，按废料处理，纵
向钢筋（带灌浆套筒）及需要套丝的钢筋，

图 3-16　预置电管盒

不得使用切断机下料，必须保证钢筋两端平整，套丝长度、丝距及角度必需严格按照图纸
设计要求，纵向钢筋（带灌浆套筒）需要套大丝，梁底部纵筋（直螺纹套筒连接）需要套
国标丝，套丝机应当指定专人且有经验的工人操作，质检人员不定期进行抽检。

位于混凝土内的连接钢筋应埋设准确，锚固方式应符合设计要求。构件交接处的钢筋
位置应符合设计要求。当设计无具体要求时，剪力墙中水平分布钢筋宜放在外侧，并宜在
墙端弯折锚固。

位于混凝土内的钢筋套筒灌浆连接接头的预留钢筋应采用专用定位模具对其中心位置
进行控制，应采用可靠的绑扎固定措施对连接钢筋的外露长度进行控制。

定位钢筋中心位置存在细微偏差时，采用
套管方式进行细微调整。定位钢筋中心位置存
在严重偏差影响预制构件安装时，应会同设计
单位制定专项处理方案，严禁切割、强行调整
定位钢筋（图 3-17）。

预留于预制构件内的连接钢筋应防止弯曲
变形，并在预制构件吊装完成后，对其位置进
行校核与调整。

（3）灌浆套筒安装

预制工厂灌浆套筒连接安装生产工艺如

图 3-17　钢筋定位及保护

图 3-18所示。

预制剪力墙在工厂预制加工阶段，是将一端钢筋与套筒进行连接或预安装，再与构件的钢筋结构中其他的钢筋连接固定，套筒侧壁接灌浆、排浆管，引到预制构件模板外，然后浇筑混凝土，将连接钢筋、套筒预埋在构件内（图 3-19）。

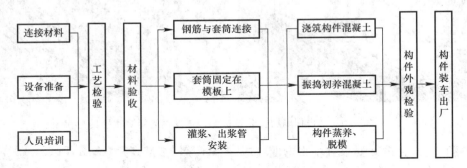

图 3-18　预制工厂灌浆套筒连接安装生产工艺

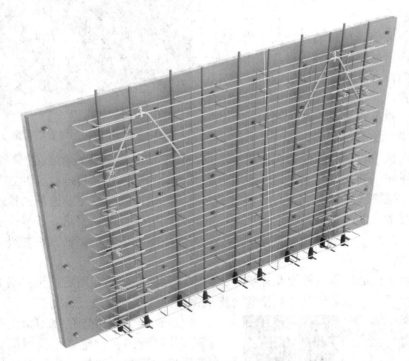

图 3-19　预制混凝土剪力墙钢筋骨架

1）材料进厂验收

① 接头工艺检验。工艺检验一般应在构件生产前进行，应对不同钢筋生产企业的进场钢筋进行接头工艺检验；每种规格钢筋应制作 3 个对中套筒灌浆连接接头；每个接头试件的抗拉强度和 3 个接头试件残余变形的平均值应符合《钢筋套筒灌浆连接应用技术规程》JGJ 355—2015 的相关规定；施工过程中，如更换钢筋生产企业，或钢筋外形尺寸与已完成工艺检验的钢筋有较大差异时，应补充工艺检验。工艺检验应模拟施工条件制作接

头试件，并按接头提供单位提供的施工操作要求进行。第一次工艺检验中 1 个试件抗拉强度或 3 个试件的残余变形平均值不合格时，可再取相同工艺参数的 3 个试件进行复检，复检仍不合格判为工艺检验不合格。工艺检验合格后，钢筋与套筒连接加工工艺参数应按该确认的参数执行（图 3-20）。

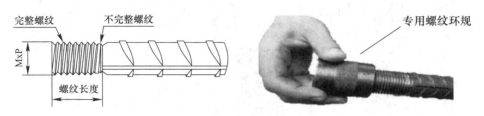

图 3-20　灌浆接头连接钢筋丝头质量检验

② 套筒材料验收。资质检验：套筒生产厂家出具套筒出厂合格证，材质证明书，型式检验报告等；外观检查：检查套筒外观以及尺寸。

检查数量：同一批号、同一类型、同一规格的灌浆套筒，不超过 1000 个为一批，每批随机抽取 10 个灌浆套筒。

检验方法：观察，尺量检查。抗拉强度检验：每 1000 个同批灌浆套筒抽取 3 个，采用与施工相同的灌浆料，模拟施工条件，制作接头抗拉试件。

2）钢筋与套筒连接

全灌浆套筒在预制工厂与套筒不连接，只需要安装到位；半灌浆套筒需要与套筒一端连接，并达到规定质量要求。

① 全灌浆套筒接头预埋连接钢筋安装。全灌浆套筒接头用钢筋可以直接插入灌浆套筒预制端，当灌浆套筒固定在构件模具上后，钢筋应插入到套筒内规定的深度，然后固定。

② 半灌浆套筒连接钢筋的直螺纹丝头加工。丝头参数应满足厂家提供的作业指导书规定要求。使用螺纹环规检查钢筋丝头螺纹直径：环规通端丝头应能顺利旋入，止端丝头旋入量不能超过 $3P$（P 为丝头螺距）。使用直尺检查丝头长度。目测丝头牙型，不完整牙累计不得超过 2 圈。操作者 100% 自检，合格的报验，不合格的切掉重新加工。

③ 钢筋丝头与半灌浆套筒的连接。用管钳或扳手拧钢筋，将钢筋丝头与套筒螺纹拧紧连接。拧紧后钢筋在套筒外露的丝扣长度应大于 0 扣，且不超过 1 扣。质检抽检比例 10%。连接好的钢筋应分类整齐码放。

④ 灌浆套筒固定在模板上。将连接钢筋按构件设计布筋要求进行布置，绑扎成钢筋笼，灌浆套筒安装或连接在钢筋上。钢筋笼吊放在预制构件平台上的模板内，将套筒外侧一端靠紧预制构件模板，用套筒专用固定件进行固定（固定精度非常重要）。橡胶垫应小于灌浆套筒内径，且能承受蒸养和混凝土放热后的高温，反复压缩使用后能恢复原外径尺寸。套筒固定后，检查套筒端面与模板之间有无缝隙，保证套筒与模板端面垂直。

⑤ 灌浆管、出浆管安装。将灌浆管、出浆管插在套筒灌排浆接头上，并插入到要求的深度。灌浆管、出浆管的另一端引到预制构件混凝土表面。可用专用密封（橡胶）堵头或胶带封堵好端口，以防浇筑构件时管内进浆。连接管要绑扎固定，防止浇筑混凝土时移位或脱落（图 3-21）。

图 3-21　各种构件灌浆管出浆管的安装与密封措施

⑥ 构件外观检验。检查灌浆套筒位置是否符合设计要求：

方法：肉眼观察、钢尺测量等。

套筒及外露钢筋中心位置偏差＋2mm，0mm；外露钢筋伸出长度偏差＋10mm，0mm。检查套筒内腔及进出浆管路有无泥浆和杂物侵入，进出浆管的数量和位置应符合要求。半灌浆套筒可用光照肉眼观察；直管采用钢棒探查；软管弯曲管路用液体冲灌以出水状况和压力判断，全灌浆套筒需用专用检具。

6. 钢筋及预埋件施工质量检查

（1）钢筋加工

钢筋加工必需严格按照设计及下料单要求制作，首件钢筋制作，必需通知技术、质检及相关部门检查验收。带灌浆套筒需要套丝的钢筋，不得使用切断机下料，必须保证钢筋两端平整，套丝长度、丝距及角度必须符合《钢筋机械连接技术规程》JGJ 107—2016 要求，套丝机应当指定专人且有经验的工人操作。

1）检查数量：制作过程中应当定期、定量检查。

2）检查项目：钢筋的外形尺寸（长度、弯钩方向及长度等）；箍筋是否方正；成型钢筋是否顺直；钢筋套丝的长度、丝距及角度，套筒与钢筋的连接是否满足设计的力矩要求，钢筋与套筒连接后，外漏螺纹不能超过 2 丝。

3）检验方法：每种型号的钢筋抽取不少于 3 组，用钢尺测量钢筋的外形尺寸、弯钩长度及方向；用专用直螺纹量规测量套丝的长度、丝距及角度，用扭矩扳手检查接头的力矩值，抽检数量不少于 10％，应保证每一个接头都必须合格。

（2）钢筋骨架、钢筋网片

钢筋骨架、钢筋网片应满足预制构件设计图要求，宜采用专用钢筋定位件，入模应符合下列要求：

1）钢筋骨架入模时应平直、无损伤，表面不得有油污或者锈蚀。

2）钢筋骨架尺寸应准确，骨架吊装时应采用多吊点的专用吊架，防止骨架产生变形。

3）保护层垫块宜采用塑料类垫块，且应与钢筋骨架或网片绑扎牢固，垫块按梅花状布置，间距满足钢筋限位及控制变形要求。

4）应按预制构件设计制作图安装钢筋连接套筒、拉结件、预埋件。

钢筋骨架或网片装入模具后，应按设计图纸要求对钢筋位置、规格、间距、保护层厚度等进行检查。

（3）灌浆套筒、预埋件、拉结件、预留孔洞

灌浆套筒、预埋件、拉结件、预留孔洞应按预制构件设计制作图进行配置，满足吊装、施工的安全性、耐久性和稳定性要求。

1）检查数量：同一原材料、同一炉（批）号、同一类型、同一规格的灌浆套筒，检验批量不应大于1000个，每批随机抽取3个灌浆套筒制作接头，并应制作至少1组灌浆料强度试件。

2）检查项目：灌浆套筒进厂后，抽取套筒采用与之匹配的灌浆料制作对中连接接头，进行抗拉强度检验。

3）检查方法：按照《钢筋机械连接技术规程》JGJ 107—2016的规定方法进行检验。

（4）浇筑前自检与交接检验收

生产过程检验按照《装配整体式混凝土结构工程预制构件制作与验收规程》DB37/T 5020—2014要求制定，见表3-4。要求一件一表严格自检和交接检逐项验收签证。

混凝土浇筑前钢筋检查表　　　　　　　　　　　　　　　表3-4

构件生产企业：　　　　　　　　　　　　　　　　　　　构件类型：

构件编号：　　　　　　　　　　　　　　　　　　　　　检查日期：

检查项目		允许偏差（mm）	实测值	判定
绑扎钢筋网	长、宽	±10		
	网眼尺寸	±20		
绑扎钢筋骨架	长	±10		
	宽、高	±5		
	钢筋间距	±10		
受力钢筋	位置	±5		
	排距	±5		
	保护层	满足设计要求		
绑扎钢筋、横向钢筋间距		±20		
箍筋间距		±20		
钢筋弯起点位置		±20		

检查结果：

　　　　　　　　　　　　　　　　　　　　　　　　　　　质检员：

　　　　　　　　　　　　　　　　　　　　　　　　　　　年　月　日

3.1.3　任务实施

钢筋操作虚拟仿真实训软件分为控制端和虚拟端。钢筋操作模块是混凝土构件生产仿

3-1 外墙板钢筋与
预埋件施工视频

真实训系统的模块之一，主要完成生产前准备、钢筋下料、钢筋制作、钢筋摆放与绑扎、垫块设置、埋件摆放与固定等工序，可以根据标准图集结合课程教学进行技能点训练，是工程案例的重要工艺环节。

以标准图集 15G365-1《预制混凝土剪力墙外墙板》中编号为 WQCA-3028-1516 夹心墙板为实例通过仿真实训软件进行仿真操作。

具体操作步骤如下：

（1）练习或考核计划下达

计划下达分两种情况，第一种：练习模式下学生根据学习需求自定义下达计划（图 3-22）。第二种：考核模式下教师根据教学计划及检查学生掌握情况下达计划并分配给指定学生进行训练或考核（图 3-23）。

图 3-22 学生自主下达计划

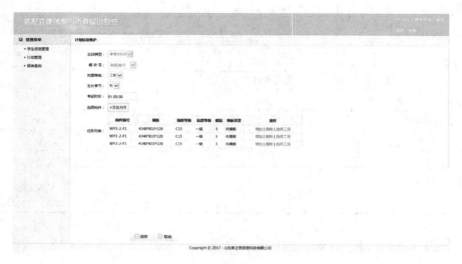

图 3-23 教师下达计划

（2）登录系统查询操作任务

输入用户名及密码登录系统（图 3-24）。

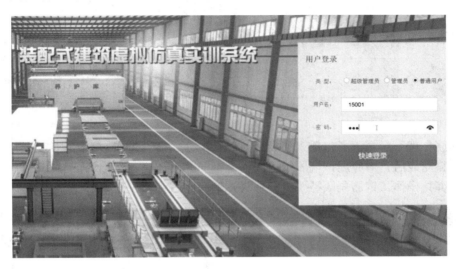

图 3-24　系统登录

（3）任务查询

登录系统后查询生产任务（图 3-25），根据任务列表，明确本次训练的任务内容及顺序，并可对应任务查看对应任务图纸。

图 3-25　查询生产任务

（4）生产前准备

工作开始前首先进行产前准备（图 3-26），着装检查和杂物清理；操作辊道将模台移动到钢筋摆放区域，本次操作任务为带窗口孔洞的外墙板。

（5）钢筋下料与制作

钢筋下料与制作（图 3-27），在领料单内选择生产构件的抗震等级，并根据钢筋配筋

图 3-26　生产前准备

图进行钢筋合理下料，下料包括钢筋类型、钢筋尺寸数据、生产数量、钢筋编号、钢筋型号等。下料完成后，对应虚拟端展示不同类型钢筋的制作过程。钢筋下料的数量直接影响后续钢筋绑扎操作，钢筋欠缺需要进行补料，钢筋剩余将累积到下个任务。

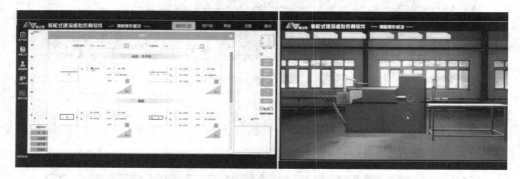

图 3-27　钢筋下料与制作

（6）钢筋摆放与绑扎

钢筋网片摆放与绑扎图（图 3-28），控制端为二维钢筋摆放区域，在二维界面参照程序刻度摆放钢筋，钢筋间距依据国家标准，虚拟端展示三维钢筋绑扎状态。根据钢筋网片配筋图，首先摆放模具邻近钢筋，再从上往下摆放横筋，钢筋间距为 60～150mm，允许误差为±100mm。为增加训练效率及减少重复操作，剩余类同横筋将自动摆放，间距规则依据第一根钢筋规则。横筋摆放完毕，确认摆放，虚拟端显示三维摆放状态。钢筋网片纵筋摆放，纵筋的摆放规则与横筋相同，具体依据钢筋网片配筋图。摆放完毕后，选取绑扎工具进行钢筋绑扎操作。

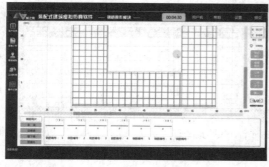

图 3-28　钢筋绑扎

钢筋骨架箍筋摆放，首先进行钢筋骨架所需箍筋下料，下料要求依据配筋图，允许误差为±100mm。下料完毕后，开始摆放骨架箍筋，首先依据配筋图摆放连梁箍筋，摆放标准依据有关标准、规范。

摆放边缘墙箍筋，摆放完毕后，确认摆放，箍筋摆放完毕。摆放外墙内叶下层钢筋（内叶钢筋骨架分为上层和下层钢筋），首先进行下层横筋摆放，根据配筋图进行钢筋下料。依据配筋图进行下层连梁横筋摆放、下层窗下墙横筋摆放。摆放窗下墙下层纵筋。摆放完毕，确认摆放。摆放边缘墙下层纵筋，摆放完毕后，内叶下层钢筋摆放完毕。摆放内叶上层钢筋，依次摆放边缘墙纵筋、窗下墙纵筋、连梁横筋等。

为方便构件运输及施工吊运，摆放吊件。拉筋下料、摆放与绑扎，依次摆放连梁拉筋、边缘墙拉筋，窗下墙拉筋。摆放完毕后进行绑扎固定。

（7）垫块设置

垫块选择与摆放，垫块高度依据外墙外层混凝土厚度要求进行选择，摆放依据标准进行摆放（垫块与垫块的间距 300～600mm，垫块与模具间距≤300mm）。

（8）预埋件摆放与固定

进行预埋件摆放与固定（图 3-29），依次进行套管摆放、斜支撑预埋螺母摆放、线盒及 PVC 管摆放等。摆放完毕进行绑扎固定，本次任务构件钢筋绑扎完毕。

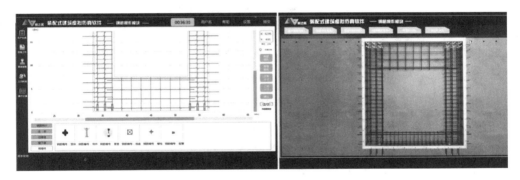

图 3-29　预埋件摆放与固定

（9）任务结束及工完料清

本次任务操作完毕，结束当前任务，将模台运送至下道工序，进行下一任务操作。工完料清，结束生产前，需要进行工完料清操作，包括设备归还、钢筋清点入库、设备维护等操作，生产操作结束。

（10）任务提交（图 3-30）

待任务列表内所有任务操作完毕后，即可进行系统提交（若计划尚未操作完毕，但到达练习考核时间，系统会自动提交）。

（11）成绩查询及考核报表导出（图 3-31，图 3-32）

登录管理端，即可查询操作成绩及导出详细操作报表（总成绩、操作成绩、操作记录、评分记录等）。

3.1.4　知识拓展

预制混凝土夹心保温外墙板（图 3-33），是集承重、围护、保温、防水、防火等功能

图 3-30 任务提交

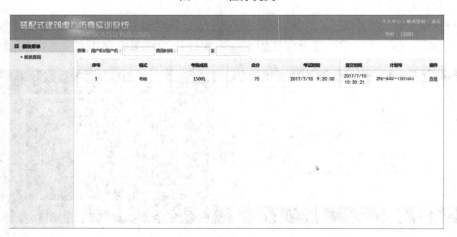

图 3-31 考核成绩查询

【装配式建筑虚拟仿真软件】报表					
考号	15001	考生姓名	张三	制表日期	2017/7/10
开始时间	2017/7/10 9:20	结束时间	2017/7/10 10:30	操作模式	考核模式
成绩汇总表					
操作模块	钢筋操作				
考核总分	100	考试得分	75	备注	

生产结果信息								
构件序号	构件编号	构件类型	工况设置情况	工况解决情况	生产完成情况	操作时长（秒）	操作得分	质量得分	总得分
001	WQCA-3028-1516	预制夹心外墙板	无	无	完成	3712	46	29	75

综合信息　生产计划　操作记录　评分记录

图 3-32 详细考核报表

为一体的重要装配式预制构件，由内叶墙板、
保温材料、外叶墙板三部分组成，因保温层被
两层墙板夹在中间像三明治而得名。其中内叶
墙板受力，按照受力要求设计和配筋。另一层
墙板决定了"三明治墙"及建筑外立面的外观，
常采用彩色混凝土，表面纹路的选择余地也很
大。两层之间可使用保温混凝土墙板连接器进
行连接。由于混凝土的热惰性，内层混凝土成
为一个恒温的蓄能体，中间的保温板成为一个
热的绝缘层，延缓热量传过建筑墙板在内外层
之间的传递。

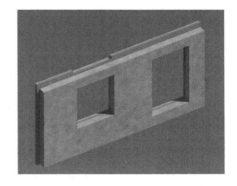

图 3-33　预制混凝土夹心保温外墙板示意图

实例 3.2　预制混凝土板钢筋及预埋件施工

3.2.1　实例分析

构件生产厂技术员李某接到某工程预制钢筋混凝土叠合板的生产任务，其中一块双向
受力叠合板用底板选自标准图集 15G366-1《桁架钢筋混凝土叠合板（60mm 厚底板)》，编
号为 DBS2-67-3012-11。

该工程为政府保障性住房，位于××西侧，××北侧，××南侧，××东侧。工程采
用装配整体式混凝土剪力墙结构体系，预制构件包括：预制夹心外墙、预制内墙、预制叠
合楼板、预制楼梯、预制阳台板及预制空调板。

李某现需结合标准图集中叠合板 DBS2-67-3012-11 的配筋图（图 3-34）及工程结构特
点，指导工人进行钢筋及预埋件施工。

3.2.2　相关知识

1. 预制混凝土楼板分类

预制混凝土楼板是指在工厂或现场预先制作的混凝土楼板。

预制混凝土楼面板按照制造工艺不同可分为预制混凝土叠合板、预制混凝土实心板、
预制混凝土空心板、预制混凝土双 T 板等。预制混凝土叠合板最常见的主要有两种，一种
是桁架钢筋混凝土叠合板，另一种是预制带肋底板混凝土叠合楼板。

（1）桁架钢筋混凝土叠合板

桁架钢筋混凝土叠合板下部为预制混凝土板，外露部分为桁架钢筋。叠合楼板在工地安
装到位后要进行二次浇筑，从而成为整体实心楼板。桁架钢筋的主要作用是将后浇筑的混凝
土层与预制底板形成整体，并在制作和安装过程中提供刚度。伸出预制混凝土层的桁架钢筋
和粗糙的混凝土表面保证了叠合楼板预制部分与现浇部分能有效结合成整体（图 3-35）。

桁架钢筋是在后台加工场定型加工，现场施工需要先将压型板使用栓钉固定在钢梁
上，再放置钢筋桁架进行绑扎，验收后浇筑混凝土。实现了机械化生产，有利于钢筋排列
间距均匀、混凝土保护层厚度一致，提高了楼板的施工质量。装配式钢筋桁架楼承板可显

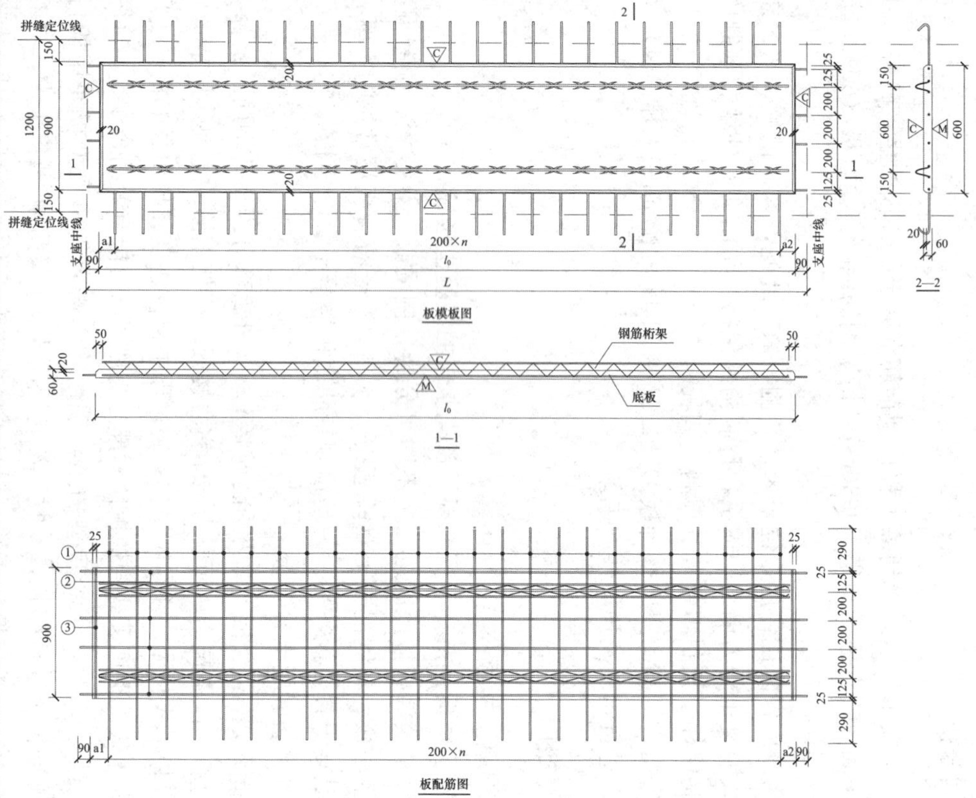

底板参数表 / 桁架型号表

底板编号(XX代表1、3)	l₀(mm)	a1(mm)	a2(mm)	n	编号	长度(mm)	重量(kg)	混凝土体积(m³)	底板自重(t)
DBS2-67-3012-X1	2820	150	70	13	A80	2720	4.79	0.152	0.381
DBS2-68-3012-X1					A90	2720	4.87		
DBS2-67-3312-X1	3120	70	50	15	A80	3020	5.32	0.168	0.421
DBS2-68-3312-X1					A90	3020	5.40		
DBS2-67-3612-X1	3420	150	70	16	A80	3320	5.85	0.185	0.462
DBS2-68-3612-X1					A90	3320	5.94		
DBS2-67-3912-X1	3720	70	50	18	B80	3620	7.18	0.201	0.502
DBS2-68-3912-X1					B90	3620	7.28		
DBS2-67-4212-X1	4020	150	70	19	B80	3920	7.77	0.217	0.543
DBS2-68-4212-X1					B90	3920	7.88		
DBS2-67-4512-X1	4320	70	50	21	B80	4220	8.37	0.233	0.584
DBS2-68-4512-X1					B90	4220	8.48		
DBS2-67-4812-X1	4620	150	70	22	B80	4520	8.96	0.249	0.624
DBS2-68-4812-X1					B90	4520	9.09		
DBS2-67-5112-X1	4920	70	50	24	B80	4820	9.55	0.266	0.665
DBS2-68-5112-X1					B90	4820	9.69		
DBS2-67-5412-X1	5220	150	70	25	B80	5120	10.15	0.282	0.705
DBS2-68-5412-X1					B90	5120	10.29		
DBS2-67-5712-X1	5520	70	50	27	B80	5420	10.74	0.298	0.745
DBS2-68-5712-X1					B90	5420	10.90		
DBS2-67-6012-X1	5820	150	70	28	B80	5720	11.33	0.314	0.785
DBS2-68-6012-X1					B90	5720	11.50		

底板配筋表

底板编号(XX代表7、8)	① 规格	① 加工尺寸	① 根数	② 规格	② 加工尺寸	② 根数	③ 规格	③ 加工尺寸	③ 根数
DBS2-6X-3012-11	Φ8	1480	30	Φ8	3000	14	Φ6	850	2
DBS2-6X-3012-31	Φ8	1480	30	Φ10	3000	14	Φ6	850	2
DBS2-6X-3312-11	Φ8	1480	30	Φ8	3300	16	Φ6	850	2
DBS2-6X-3312-31	Φ8	1480	30	Φ10	3300	16	Φ6	850	2
DBS2-6X-3612-11	Φ8	1480	30	Φ8	3600	17	Φ6	850	2
DBS2-6X-3612-31	Φ8	1480	30	Φ10	3600	17	Φ6	850	2
DBS2-6X-3912-11	Φ8	1480	30	Φ8	3900	19	Φ6	850	2
DBS2-6X-3912-31	Φ8	1480	30	Φ10	3900	19	Φ6	850	2
DBS2-6X-4212-11	Φ8	1480	30	Φ8	4200	20	Φ6	850	2
DBS2-6X-4212-31	Φ8	1480	30	Φ10	4200	20	Φ6	850	2
DBS2-6X-4512-11	Φ8	1480	30	Φ8	4500	22	Φ6	850	2
DBS2-6X-4512-31	Φ8	1480	30	Φ10	4500	22	Φ6	850	2
DBS2-6X-4812-11	Φ8	1480	30	Φ8	4800	23	Φ6	850	2
DBS2-6X-4812-31	Φ8	1480	30	Φ10	4800	23	Φ6	850	2
DBS2-6X-5112-11	Φ8	1480	30	Φ8	5100	25	Φ6	850	2
DBS2-6X-5112-31	Φ8	1480	30	Φ10	5100	25	Φ6	850	2
DBS2-6X-5412-11	Φ8	1480	30	Φ8	5400	26	Φ6	850	2
DBS2-6X-5412-31	Φ8	1480	30	Φ10	5400	26	Φ6	850	2
DBS2-6X-5712-11	Φ8	1480	30	Φ8	5700	28	Φ6	850	2
DBS2-6X-5712-31	Φ8	1480	30	Φ10	5700	28	Φ6	850	2
DBS2-6X-6012-11	Φ8	1480	30	Φ8	6000	29	Φ6	850	2
DBS2-6X-6012-31	Φ8	1480	30	Φ10	6000	29	Φ6	850	2

2—2

钢筋桁架

底板

1—1

板模板图

板配筋图

拼缝定位线　中埋件

图 3-34　预制混凝土楼板配筋图

著减少现场钢筋绑扎工程量，加快施工进度，增加施工安全保证，实现文明施工。装配式模板和连接件拆装方便，可多次重复利用，节约钢材，符合国家节能环保的要求。

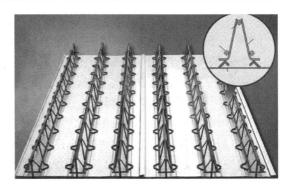

图 3-35 钢筋桁架楼承板

（2）预制带肋底板混凝土叠合楼板（图 3-36）

预制带肋底板混凝土叠合楼板是一种预应力带肋混凝土叠合楼板（PK 板），PK 预应力混凝土叠合板具有以下优点：

1）国际上最薄、最轻的叠合板之一：3cm 厚，自重 110kg/m²。

2）用钢量最省：由于采用 1860 级高强预应力钢丝，比其他叠合板用钢量节省 60%。

3）承载能力最强：破坏性试验承载力每平方米可达 1.1 吨。

4）抗裂性能好：由于采用了预应力极大提高了混凝土的抗裂性能。

5）新老混凝土结合好：由于采用了 T 型肋，现浇混凝土形成倒梯形，新老混凝土互相咬合，新混凝土流到孔中又形成销栓作用。

6）可形成双向板：在侧孔中横穿钢筋后，避免了传统叠合板只能做单向板的弊病，且预埋管线方便。

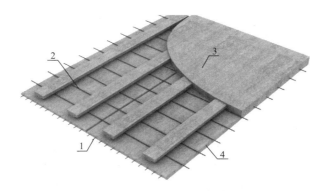

图 3-36 预制带肋底板混凝土叠合楼板
1—纵向预应力钢筋；2—横向穿孔钢筋；3—后浇层；4—PK 叠合板的预制底板

2. 混凝土叠合楼（屋）面板构造连接做法

预制混凝土叠合楼（屋）面板由两部分组成，预制部分多为薄板，在预制构件加工厂完成，施工时吊装就位，现浇部分在预制板面上完成，预制薄板作为永久模板又作为楼板的一部分承担使用荷载，具有施工周期短，制作方便，构件较轻，其整体性和抗震性能较好，叠合楼（屋）面板结合了预制和现浇混凝土各自的优势，兼具现浇和预制楼（屋）面板的优点。

预制板与后浇混凝土叠合板之间的结合面应设置粗糙面，粗糙面的凹凸深度不应小于 4mm，以保证叠合面具有较强的粘结力，使两部分混凝土共同有效地工作。预制板厚度由于脱模、吊装、运输、施工等因素，最小厚度不宜小于 60mm；后浇混凝土层最小厚度不

159

应小于60mm，主要考虑楼板的整体性以及管线预埋、面筋铺设、施工误差等因素。当板跨度大于3m时，宜采用桁架钢筋混凝土叠合板，可增加预制板的整体刚度和水平抗剪性能；当板跨度大于6m时，宜采用预应力混凝土预制板，节省工程造价；板厚大于180mm的叠合板，宜采用混凝土空心板，可减轻楼板自重，提高经济性能。当叠合板的预制板采用空心板时，板端空腔应封堵。

叠合板支座处的纵向钢筋应符合下列规定：

1）板端支座处，预制板内的纵向受力钢筋宜从板端伸出并锚入支撑梁或墙的后浇混凝土中，锚固长度不应小于5d（d为纵向受力钢筋直径），且宜伸过支座中心线，见图3-37（a）。

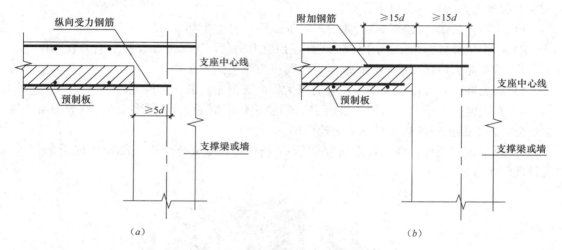

图3-37　叠合板端及板侧支座构造示意图
（a）板端支座；（b）板侧支座

2）单向叠合板的板侧支座处，当板底分布钢筋不伸入支座时，宜在紧邻预制板顶面的后浇混凝土叠合层中设置附加钢筋，附加钢筋截面面积不宜小于预制板内的同向分布钢筋面积，间距不宜大于600mm，在板的后浇混凝土叠合层内锚固长度不应小于15d，在支座内锚固长度不应小于15d（d为附加钢筋直径）且宜伸过支座中心线（图3-37b）。

单向叠合板板侧的分离式接缝宜配置附加钢筋（图3-38），接缝处紧邻预制板顶面宜设置垂直于板缝的附加钢筋，附加钢筋伸入两侧后浇混凝土叠合层的锚固长度不应小于15d（d为附加钢筋直径）；附加钢筋截面面积不宜小于预制板中该方向钢筋面积，钢筋直径不宜小于6mm，间距不宜大于250mm。

双向叠合板板侧的整体式接缝处由于有应变集中情况，宜将接缝设置在叠合板的次要受力方向上且宜避开最大弯矩截面。接缝可采用后浇带形式，并应符合下列规定：

① 后浇带宽度不宜小于200mm；

② 后浇带两侧板底纵向受力钢筋可在后浇带中焊接、搭接连接、弯折锚固；

③ 当后浇带两侧板底纵向受力钢筋在后浇带中弯折锚固时（图3-39），应符合下列规定：

叠合板厚度不应小于10d，且不应小于120mm（d为弯折钢筋直径的较大值）；垂直于接缝的板底纵向受力钢筋配置量宜按计算结果增大15％配置；接缝处预制板侧伸出的纵

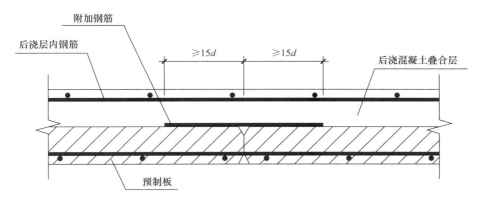

图 3-38　单向叠合板板侧分离式拼缝构造示意图

向受力钢筋应在后浇混凝土叠合层内锚固，且锚固长度不应小于 l_a；两侧钢筋在接缝处重叠的长度不应小于 $10d$，钢筋弯折角度不应大于 $30°$，弯折处沿接缝方向应配置不少于 2 根通长构造钢筋，且直径不应小于该方向预制板内钢筋直径。

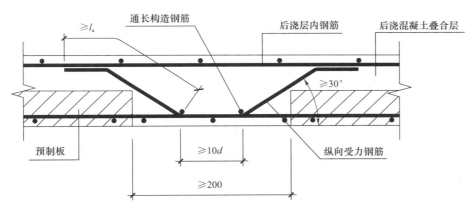

图 3-39　双向叠合板整体式接缝构造示意图

3. 预制混凝土板配筋布置要求

（1）受力筋

1）板中受力钢筋的常用直径：板厚 $h<100mm$ 时为 6～8mm；$h=100～150mm$ 时为 8～12mm；$h>150mm$ 时为 12～16mm。

2）板中受力钢筋的间距，一般不小于 70mm，当板厚 $h≤150mm$ 时间距不宜大于 200mm；当 $h>150mm$ 时不宜大于 1.5h 或 250mm。板中受力钢筋一般距墙边或梁边 50mm 开始配置。

3）单向板和双向板可采用分离式配筋或弯起式配筋。分离式配筋因施工方便，已成为工程中主要采用的配筋方式。

当多跨单向板、多跨双向板采用分离式配筋时，跨中下部钢筋宜全部伸入支座；支座负筋向跨内的延伸长度应覆盖负弯矩图并满足钢筋锚固的要求。

4）简支板或连续板跨中下部纵向钢筋伸至支座的中心线且锚固长度不应小于 5d（d 为下部钢筋直径）。当连续板内温度收缩应力较大时，伸入支座的锚固长度宜适当增加。

对与边梁整浇的板，支座负弯矩钢筋的锚固长度应为 l_a。

5）在双向板的纵横两个方向上均需配置受力钢筋。承受弯矩较大方向的受力钢筋，布置在受力较小钢筋的外层。

（2）分布钢筋

分布钢筋将作用是将板面荷载能均匀地传递给受力钢筋；抵抗温度变化和混凝土收缩在垂直于板跨方向所产生的拉应力；同时还与受力钢筋绑扎在一起组合成骨架，防止受力钢筋在混凝土浇捣时的位移。

1）单向板中单位长度上分布钢筋的截面面积不宜小于单位宽度上受力钢筋截面面积15%，且不宜小于该方向板截面面积的 0.15%；分布钢筋的间距不宜大于 250mm，直径不宜小于 6mm。

对集中荷载较大的情况，分布钢筋的截面面积应适当增加，其间距不宜大于 200mm。

2）在温度、收缩应力较大的现浇板区域内，钢筋间距宜为 150～200mm，并应在板的配筋表面布置温度收缩钢筋。板的上、下表面沿纵、横两个方向的配筋率均不宜小于0.1%。

温度收缩钢筋可利用原有钢筋贯通布置，也可另行设置构造钢筋网，并与原有钢筋按受拉钢筋的要求搭接或在周边构件中锚固。

（3）构造钢筋

为了避免板受力后，在支座上部出现裂缝，通常是在这些部件上部配置受拉钢筋，这种钢筋称为负筋。

1）对与支承结构整体浇筑或嵌固在承重砌体墙内的现浇混凝土板，应沿支承周边配置上部构造钢筋，其直径不宜小于 8mm，间距不宜大于 200mm，并应符合下列规定：

① 截面面积：沿受力方向配置时不宜小于跨中受力钢筋截面面积的 1/3，沿非受力方向配置时可根据实践经验适当减少。

② 伸入板内长度：对嵌固在承重砌体墙内的板不宜小于板短边跨度的 1/7，在两边嵌固于墙内的板角部分不宜小于板短边跨度的 1/4（双向配置）；对周边与混凝土梁或墙整体浇筑的板不宜小于受力方向板计算跨度的 1/5（单向板）、1/4（双向板）。

2）当现浇板的受力钢筋与梁平行时，应沿梁长度方向配置间距不大于 200mm 且与梁垂直的上部构造钢筋，其直径不宜小于 8mm，且单位长度内的总截面面积不宜小于板中单位长度内受力钢筋截面面积的 1/3。该构造钢筋伸入板内的长度不宜小于板计算跨度 l_0 的 1/4。

4. 预制混凝土板钢筋、预埋件施工技术要点

（1）工艺流程

清理模板→模板上弹线→绑扎板下受力钢筋→绑扎板上负弯矩钢筋。

（2）施工前准备

清理模板上的杂物，按间距在模板上逐根弹好钢筋位置线。按画好的间距先摆主受力筋，与设备、电气工种做好配合工作，预留孔洞及时安装。

（3）绑扎板筋

绑扎板筋时采用顺扣或八字扣，该板为双向、双层钢筋，两层之间须加钢筋马凳以确保上部钢筋的位置，马凳成梅花形布置，所有钢筋每个相交点均要绑扎。

桁架叠合板在钢筋入模后，应采用专用工装进行固定，防止钢筋移位。吊点位置的加强筋应采用通长钢筋并满绑，保证设计要求。

（4）钢筋位置

预制混凝土板一般下部钢筋短跨在下，长跨在上。上部钢筋短跨在上，长跨在下。接头位置上部钢筋在跨中 1/3 处，也可以搭接。下部钢筋下支座处 1/3，下部钢筋也可以锚固入梁内并满足锚固长度焊接接头位置要保证 50％ 的截面比例。如下部钢筋短跨在下，长跨在上。如果搭接比例是 100％，则搭接长度为 $1.4d$。

板筋的起步筋位置取板受力钢筋间距的一半，从梁外侧钢筋外侧开始算起，一般做法是取梁侧模外 5cm。

从设计角度来讲，当楼板厚度大于 150mm 时，一般建议采用上下上层配筋的。因为楼板厚度大的情况下，通常从设计时要考虑上部跨中负弯矩的作用，虽然理论上没有跨中负弯矩，但是考虑现场的施工实际情况（支模、施工时人为因素等），上部也有配置钢筋。布置双向钢筋的时候，短跨是计算跨度，也就是主受力方向（当然这也要取决于板的长宽比，当长宽比接近于 1∶1 的时候，双向配筋是差不多的），因此主受力筋应当配置在外侧。

（5）板上开洞

1）圆洞或方洞垂直于板跨方向的边长小于 300mm 时，可将板的受力钢筋绕过洞口，不必加固。

2）当 $300 \leqslant D \leqslant 1000mm$ 时，应沿洞边每侧配置加强钢筋，其面积不小于洞口宽度内被切断的受力钢筋面积的 1/2，且不小于 2Φ10。

3）当 $D > 300mm$ 且孔洞周边有集中荷载时或 $D > 1000mm$ 时，应在孔洞边加设边梁。

3.2.3　任务实施

钢筋操作虚拟仿真实训软件分为控制端和虚拟端。钢筋操作模块是混凝土构件生产仿真实训系统的模块之一，主要完成生产前准备、钢筋下料、钢筋制作、钢筋摆放与绑扎、垫块设置、埋件摆放与固定等工序，可以根据标准图集结合课程教学进行技能点训练，是工程案例的重要工艺环节。

3-2　叠合板钢筋与预埋件施工视频

以标准图集 15G366-1《桁架钢筋混凝土叠合板（60mm 厚底板）》中编号为 DBS2-67-5112-11 叠合楼板为实例通过仿真实训软件进行仿真操作。具体操作步骤如下：

（1）练习或考核计划下达

计划下达分两种情况，第一种：练习模式下学生根据学习需求自定义下达计划（图 3-40）。第二种：考核模式下教师根据教学计划及检查学生掌握情况下达计划并分配给指定学生进行训练或考核（图 3-41）。

（2）登录系统查询操作任务

输入用户名及密码登录系统（图 3-42）。

（3）任务查询

登录系统后查询生产任务，根据任务列表，明确本次训练的任务内容及顺序，并可对应任务查看对应任务图纸（图 3-43）。

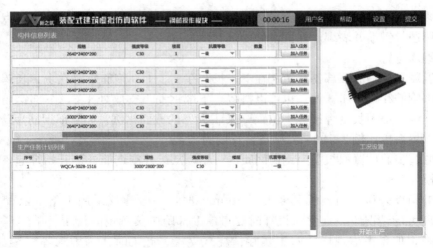

图 3-40　学生自主下达计划

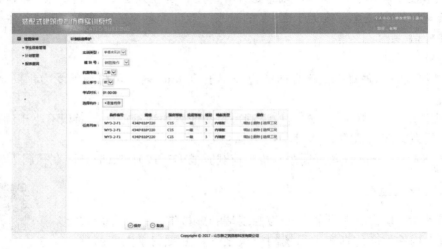

图 3-41　教师下达计划

图 3-42　系统登录

图 3-43 任务查询

（4）生产前准备

工作开始前首先进行产前准备，着装检查和杂物清理；操作辊道将模台移动到钢筋摆放区域，本次操作任务为带窗口孔洞的外墙板（图 3-44）。

图 3-44 生产前准备

（5）钢筋下料与制作

钢筋下料与制作，在领料单内选择生产构件的抗震等级，并根据钢筋配筋图进行钢筋合理下料，下料包括钢筋类型、钢筋尺寸数据、生产数量、钢筋编号、钢筋型号等。下料完成后，对应虚拟端展示不同类型钢筋的制作过程。钢筋下料的数量直接影响后续钢筋绑扎操作，钢筋欠缺需要进行补料，钢筋剩余将累积到下个任务（图 3-45）。

（6）钢筋摆放与绑扎

钢筋网片摆放与绑扎，控制端为二维钢筋摆放区域，在二维界面参照程序刻度摆放钢筋，钢筋间距依据国家标准，虚拟端展示三维钢筋绑扎状态。根据钢筋网片配筋图，首先摆放模具邻近钢筋，再从上往下摆放横筋，钢筋间距为 60～150mm，允许误差为±100mm。为增加训练效率及减少重复操作，剩余类同横筋将自动摆放，间距规则依据第一根钢筋规则。横筋摆放完毕，确认摆放，虚拟端显示三维摆放状态。钢筋网片纵筋摆放，纵筋的摆放规则与横筋相同，具体依据钢筋网片配筋图。摆放完毕后，选取绑扎工具进行钢筋绑扎操作（图 3-46、图 3-47）。

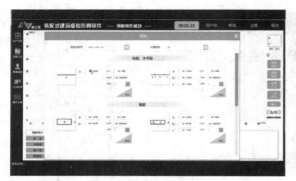

图 3-45　钢筋下料与制作

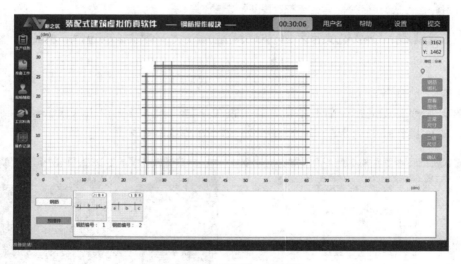

图 3-46　钢筋绑扎（控制端）

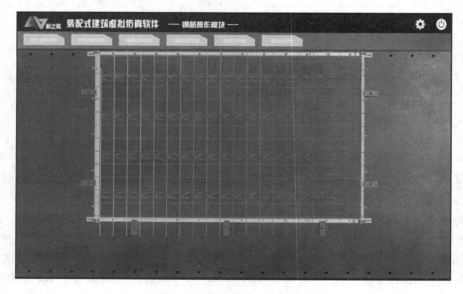

图 3-47　钢筋绑扎（虚拟端）

钢筋骨架箍筋摆放，首先进行钢筋骨架所需箍筋下料，下料要求依据配筋图，允许误差为±100mm。下料完毕后，开始摆放骨架箍筋，首先依据配筋图摆放连梁箍筋，摆放标准依据相关规范、标准。

摆放边缘墙箍筋，摆放完毕后，确认摆放，箍筋摆放完毕。摆放外墙内叶下层钢筋（内叶钢筋骨架分为上层和下层钢筋），首先进行下层横筋摆放，根据配筋图进行钢筋下料。依据配筋图进行下层连梁横筋摆放、下层窗下墙横筋摆放。摆放窗下墙下层纵筋。摆放完毕，确认摆放。摆放边缘墙下层纵筋，摆放完毕后，内叶下层钢筋摆放完毕。摆放内叶上层钢筋，依次摆放边缘墙纵筋、窗下墙纵筋、连梁横筋等。

为方便构件运输及施工吊运，摆放吊件。拉筋下料、摆放与绑扎，依次摆放连梁拉筋、边缘墙拉筋，窗下墙拉筋。摆放完毕后进行绑扎固定。

（7）垫块设置

垫块选择与摆放，垫块高度依据外墙外层混凝土厚度要求进行选择，摆放依据标准进行摆放（垫块与垫块的间距300～600mm，垫块与模具间距≤300mm）。

（8）埋件摆放与固定

进行埋件摆放与固定，依次进行套管摆放、斜支撑预埋螺母摆放、线盒及PVC管摆放等。摆放完毕进行绑扎固定，本次任务构件钢筋绑扎完毕（图3-48）。

（9）任务结束及工完料清

本次任务操作完毕，结束当前任务，将模台运送至下道工序，进行下一任务操作。工完料清，结束生产前，需要进行工完料清操作，包括设备归还、钢筋清点入库、设备维护等操作，生产操作结束。

图3-48 任务结束及工完料清

（10）任务提交

待任务列表内所有任务操作完毕后，即可进行系统提交（若计划尚未操作完毕，但是到达练习考核时间，系统会自动提交，图3-49）。

167

图 3-49　任务提交

（11）成绩查询及考核报表导出

登录管理端，即可查询操作成绩及导出详细操作报表（总成绩、操作成绩、操作记录、评分记录等，图 3-50、图 3-51）。

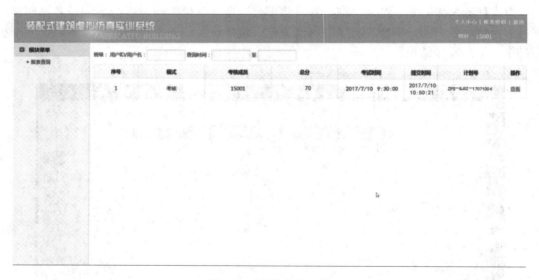

图 3-50　考核成绩查询

3.2.4　知识拓展

预制混凝土双 T 板当预制混凝土板为两端支承的简支板时，其底部受力钢筋平行跨度布置。当板为四周支承并且其长短边之比值大于 2 时，板为单向受力，叫单向板，其底部受力钢筋平行短边方向布置；当板为四周支承并且其长短边之比值小于或等于 2 时，板为双向受力，叫双向板，其底部纵横两个方向均为受力钢筋。悬臂板及地下室底板等构件的受力钢筋的配置是在板的上部。

【装配式建筑虚拟仿真软件】报表						
考号	15001	考生姓名	张三	制表日期		2017/7/10
开始时间	2017/7/10 9:30	结束时间	2017/7/10 10:50	操作模式		考核模式
成绩汇总表						
操作模块	钢筋操作					
考核总分	100	考试得分	70	备注		
生产结果信息						
构件序号	构件编号	构件类型	工况设置情况	工况解决情况	生产完成情况	操作时长（秒）	操作得分	质量得分	总得分
001	DBS2-67-5112-11	叠合楼板	无	无	完成	3812	47	23	70

图 3-51 详细考核报表

实例 3.3 预制混凝土楼梯钢筋及预埋件施工

3.3.1 实例分析

构件生产厂技术员张某接到某工程预制钢筋混凝土楼梯的生产任务，其中一块预制双跑楼梯选自标准图集 15G367-1《预制钢筋混凝土板式楼梯》，编号为 ST-28-24（图 3-52）。

该工程为政府保障性住房，位于××西侧，××北侧，××南侧，××东侧。工程采用装配整体式混凝土剪力墙结构体系，预制构件包括：预制夹心外墙、预制内墙、预制叠合楼板、预制楼梯、预制阳台板及预制空调板。该工程地上 11 层，地下 1 层，标准层层高 2800mm，抗震设防烈度 7 度，结构抗震等级三级。

张某现需结合标准图集及工程特点，在工厂进行楼梯 ST-28-24 钢筋及预埋件施工。

3.3.2 相关知识

预制钢筋混凝土楼梯作为装配式制构件中较容易实现标准化设计和批量生产的构件类型，和现浇楼梯最大的差别在于，预制楼梯按照严格的尺寸进行设计生产，更易安装和控制质量，不仅能够缩短建设的工期，还能做到结构稳定，减少裂缝和误差。

1. 施工准备

（1）材料

1）钢筋：应有出厂质量证明和检验报告单，并按有关规定分批抽取试样作机械性能试验，合格后方可使用。加工成型钢筋必须符合配料单规格、尺寸、形状、数量。

2）绑扎铁丝：采用 20～22 号绑扎钢筋专用的铁丝，铁丝不应有锈蚀或过硬情况。

3）其他：用水泥砂浆预制成 50mm 见方厚度等于保护层的垫块或塑料垫块，支持马凳。

（2）机具设备

1）机械：钢筋除锈机、钢筋调直机、钢筋切断机、电焊机。

2）工具：钢筋钩子、钢筋扳子、钢丝刷、火烧丝铡刀、墨线。

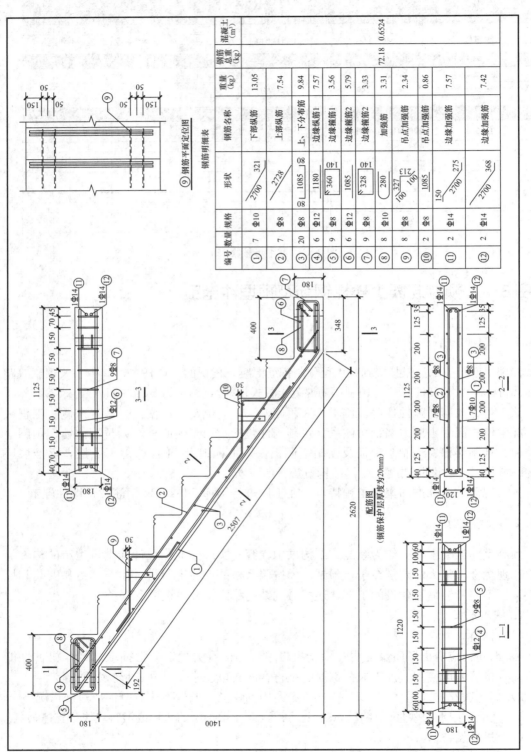

钢筋明细表

编号	数量	规格	形状	钢筋名称	质量 (kg)	钢筋总量 (kg)	混凝土 (m³)
①	7	Φ10	2700 321	下部纵筋	13.05	72.18	0.6524
②	7	Φ8	2728	上部纵筋	7.54		
③	20	Φ8	80 1085 80	上、下分布筋	9.84		
④	6	Φ12	1180	边缘纵筋1	7.57		
⑤	9	Φ8	360 140	边缘箍筋1	3.56		
⑥	6	Φ12	1085	边缘纵筋2	5.79		
⑦	9	Φ8	328 140	边缘箍筋2	3.33		
⑧	8	Φ10	280	加强筋	3.31		
⑨	8	Φ8	327 100 213	吊点加强筋	2.34		
⑩	2	Φ8	1085	吊点加强筋	0.86		
⑪	2	Φ14	150 2700 275	边缘加强筋	7.57		
⑫	2	Φ14	2700 368	边缘加强筋	7.42		

图 3-52 预制混凝土楼梯配筋图

（3）作业条件

1）加工好的钢筋进场后，应检查是否有出厂合格证明、复试报告，并按指定位置、按规格、部位编号分别堆放整齐。

2）钢筋绑扎前，应检查有无锈蚀现象，除锈之后再运到绑扎部位。熟悉图纸，按设计要求检查已加工好的钢筋规格、形状、数量是否正确。

3）楼梯底模板支好、预检完毕。

4）检查预埋钢筋或预留洞的数量、位置、标高要符合设计要求。

5）根据图纸要求和工艺规程向施工班组进行交底。

2. 预制混凝土楼梯钢筋及预埋件施工技术要点

（1）钢筋配料

预制楼梯的钢筋配料必需严格按照图纸设计及下料单要求制作，对应相应的规格、型号及尺寸进行加工。制作过程中应当定期、定量检查，对于不符合设计要求及超过允许偏差的一律不得绑扎，按废料处理。

（2）钢筋绑扎

预制楼梯的钢筋绑扎，严格按照图纸要求进行绑扎，绑扎时应注意钢筋间距、数量、保护层等。绑扎过程中，对于尺寸、弯折角度不符合设计要求的钢筋不得绑扎。楼梯钢筋绑扎过程中，应注意受力钢筋在下，分布钢筋在上。楼梯梯段板为非矩形时，钢筋分布应沿结构法线方向，间距控制应以结构长边尺寸作为控制依据。

根据设计图纸主筋、分布筋的方向，先绑扎主筋后绑扎分布筋，每个交叉点均应绑扎，相邻绑扎点的铁丝扣要成"八"字形，以免网片变形歪斜。梁式楼梯，先绑梁筋后绑板筋。梁筋锚入长度及板筋锚入梁内长度应根据设计要求确定。主筋接头数量和位置均要符合施工及验收规范要求。

需要预留孔洞时，应当根据要求绑扎加强筋。钢筋骨架尺寸应准确，骨架吊装时应采用专用吊架，防止骨架产生变形。在钢筋绑扎过程中和钢筋绑扎好后，不得在已绑好的钢筋上行人、堆放物料或搭设跳板，以免影响结构强度和使用安全。

（3）预埋件安装

施工过程中，保证孔洞及埋件的位置标高、尺寸、标准后，避免事后剔凿开洞，影响楼梯质量。在浇筑混凝土前进行检查、整修，保持钢筋位置准确不变形。

3.3.3　任务实施

以标准图集 15G367-1《预制钢筋混凝土板式楼梯》中编号为 ST-28-24 板式楼梯为实例通过装配式建筑虚拟仿真实训软件进行仿真操作。具体操作步骤如下：

3-3　楼梯钢筋与预埋件施工视频

（1）练习或考核计划下达

计划下达分两种情况，第一种：练习模式下学生根据学习需求自定义下达计划（图 3-53）。第二种：考核模式下教师根据教学计划及检查学生掌握情况下达计划并分配给指定学生进行训练或考核（图 3-54）。

（2）登录系统查询操作任务

输入用户名及密码登录系统（图 3-55）。

图 3-53　学生自主下达计划

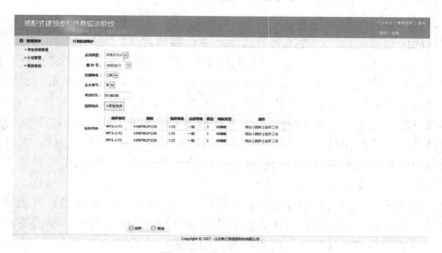

图 3-54　教师下达计划

图 3-55　系统登录

（3）任务查询

登录系统后查询生产任务，根据任务列表，明确本次训练的任务内容及顺序，并可对应任务查看对应任务图纸（图 3-56）。

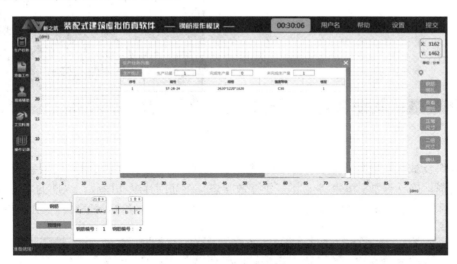

图 3-56　任务查询

（4）生产前准备

工作开始前首先进行产前准备（图 3-57），着装检查和杂物清理；操作辊道将模台移动到钢筋摆放区域，本次操作任务为带窗口孔洞的外墙板。

图 3-57　生产前准备

（5）钢筋下料与制作

钢筋下料与制作，在领料单内选择生产构件的抗震等级，并根据钢筋配筋图进行钢筋合理下料，下料包括钢筋类型、钢筋尺寸数据、生产数量、钢筋编号、钢筋型号等。下料完成后，对应虚拟端展示不同类型钢筋的制作过程。钢筋下料的数量直接影响后续钢筋绑扎操作，钢筋欠缺需要进行补料，钢筋剩余将累积到下个任务（图 3-58）。

（6）钢筋摆放与绑扎

楼梯钢筋骨架摆放与绑扎，控制端为二维钢筋摆放区域，在二维界面参照程序刻度摆放钢筋，钢筋间距依据国家标准，虚拟端展示三维钢筋绑扎状态。根据钢筋配筋图，首先摆放模具邻近钢筋，再从上往下摆放横筋，钢筋间距为 60～150mm，允许误差为±100mm。为增

图 3-58 钢筋下料与制作

加训练效率及减少重复操作，剩余类同横筋将自动摆放，间距规则依据第一根钢筋规则。横筋摆放完毕，确认摆放，虚拟端显示三维摆放状态。钢筋网片纵筋摆放，纵筋的摆放规则与横筋相同，具体依据钢筋网片配筋图。摆放完毕后，选取绑扎工具进行钢筋绑扎操作（图 3-59）。

图 3-59 钢筋绑扎

（7）钢筋、埋件放置及垫块设置

将绑扎好的钢筋骨架运至楼梯模具内，将预埋件安装定位，并设置垫块，垫块选择与摆放，垫块高度依据外层混凝土厚度要求进行选择，摆放依据标准进行摆放（垫块与垫块的间距 300～600mm，垫块与模具间距≤300mm），摆放及绑扎固定垫块（图 3-60）。

（8）模具合模

操作行车挂取翻转模具页，合模并固定（图 3-61）。

（9）任务提交

待任务列表内所有任务完毕后，即可进行系统提交（若计划尚未操作完毕，但是到达练习考核时间，系统会自动提交，图 3-62）。

图 3-60　埋件摆放及垫块设置

图 3-61　模具合模

图 3-62　任务提交

（10）成绩查询及考核报表导出

登录管理端，即可查询操作成绩及导出详细操作报表（总成绩、操作成绩、操作记录、评分记录等，图3-63、图3-64）。

图3-63　考核成绩查询

【装配式建筑虚拟仿真实训系统】报表									
考号	3		考生姓名	李四		制表日期	2017/10/14		
开始时间	2017/10/14 16:44		结束时间	2017/10/14 16:44		实训类型	单模块实训		
成绩汇总表									
操作模块	钢筋操作								
考核总分	100		考试得分	63		备注			
生产结果信息									
序号	构件编号	构件用途	规格	强度等级	楼层	抗震等级	墙板类型	季节	工况设置
1	ST-28-24	单模块实训	2420*1220*1620	C30	3	三级	预制楼梯	一级	

综合信息　生产计划　操作记录　评分记录

图3-64　考核报表导出

3.3.4　知识拓展

预制楼梯吊具需采用型钢扁担铁，且为保证吊装过程中吊具稳定性，吊装绳与型钢扁担之间角度应设置为75°，所用吊具必须满足相关规范、标准要求。且吊装时必须有项目安全员、技术员、测量员各一名进行旁站监督。且吊点连接位置必须按照图纸标注使用"吊装用"金属连接件。

在预制楼梯板矫正过程中，严禁蛮力矫正，待梯段板下端边线完全落在安装平台上后，将预制楼梯对准安装孔预埋件缓慢放下，减小吊装时的缓冲力。

使用激光水平仪对楼梯水平度，垂直度进行跟踪测量，偏差不得大于5mm。如发现变形应及时整改。

小结

本部分主要介绍预制混凝土剪力墙钢筋及预埋件施工、预制混凝土板钢筋及预埋件施工、预制混凝土楼梯钢筋及预埋件施工三部分内容。重点介绍了预制混凝土剪力墙、预制混凝土板、预制混凝土楼梯三种构件在生产过程中，钢筋及预埋件的施工工艺及施工技术要点。

习题

1. 什么是钢筋连接灌浆套筒？分为哪几类？
2. 预制混凝土剪力墙钢筋工程施工流程是什么？
3. 什么是钢筋配料？
4. 直钢筋、弯起钢筋和箍筋配料计算的方法是什么？
5. 钢筋连接套筒、预埋件怎样定位？
6. 钢筋代换的方法有哪些？
7. 预制混凝土板钢筋、预埋件施工技术要点有哪些？
8. 预制混凝土楼梯钢筋及预埋件施工技术要点有哪些？

任务 4　混凝土制作与浇筑

实例 4.1　预制混凝土墙制作与浇筑

4.1.1　实例分析

构件生产厂技术员赵某接到某工程预制混凝土剪力墙外墙的构件制作和混凝土浇筑任务，其中标准层是一块带一个窗洞的矮窗台外墙板，选用了标准图集 15G365-1《预制混凝土剪力墙外墙板》中编号为 WQCA-3028-1516 的外墙板。该外墙板所属工程的结构及环境特点如下：

该工程为政府保障性住房，位于××西侧，××北侧，××南侧，××东侧。工程采用装配整体式混凝土剪力墙结构体系，预制构件包括：预制夹心外墙、预制内墙、预制叠合楼板、预制楼梯、预制阳台板及预制空调板。该工程地上 11 层，地下 1 层，标准层层高 2.8m，抗震设防烈度 7 度，结构抗震等级三级。外墙板按环境类别一类设计，厚度为 200mm，建筑面层为 50mm，采用混凝土强度等级为 C30，坍落度要求 35～50mm。

赵某现需要结合钢筋已绑扎完成的外墙板 WQCA-3028-1516 钢筋及准备好的模具进行该外墙板的制作和混凝土的浇筑，其外墙板钢筋示意图如图 4-1 所示。

4.1.2　相关知识

目前建筑市场存在的预制墙板主要是自带保温材料的预制外墙、预制内墙、加设保温材料的剪力墙板、加设保温材料并预留窗口的夹心墙等。图 4-2 所示为自带保温材料的预制外墙（夹心墙）；图 4-3 所示为自带保温材料并预留窗口的夹心墙。

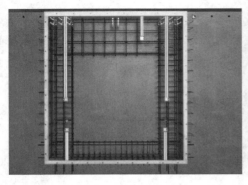

图 4-1　外墙板钢筋示意图　　　　图 4-2　自带保温材料的预制外墙（夹心墙）

1. 预制墙板的混凝土制作

（1）制作前的准备工作

1）材料与主要机具

① 水泥。水泥进场时必须有出厂合格证和试验报告单，并对其品种、级别、包装或散装仓号、出厂日期等进行检查，并对其强度、安定性及其他必要的性能指标进行复验，其质量必须符合现行国家标准《通用硅酸盐水泥》GB 175—2007 的规定，当对水泥质量有疑问或水泥出厂超过 3 个月（快硬硅酸盐水泥超过 1 个月）时，应复查试验，并按试验结果使用。钢筋混凝土结构、预应力混凝土结构中严禁使用含氯化物的水泥。

图 4-3　带窗口的夹心墙板示意图

② 砂。混凝土用砂一般以中、粗砂为宜。砂必须符合有害杂质最大含量低于国家标准规定的要求，砂中的有害杂质的多少会直接影响到混凝土的质量，如云母、黑云母、淤泥和黏土、硫化物和硫酸盐、有机物等。有害杂质会对混凝土的终强度、抗冻性、抗渗性等方面产生不良影响或腐蚀钢筋影响结构的耐久性。

③ 石子。混凝土中所用石子应尽可能选用碎石，碎石由人工破碎，表面粗糙，空隙率和总表面积较大，故所需的水泥浆较多，与水泥浆的黏结力强，因此碎石混凝土强度较高。

④ 主要机具。混凝土搅拌机按其搅拌原理分为自落式和强制式两类。自落式搅拌机适用于搅拌流动性较大的混凝土（坍落度不小于 30mm），强制式搅拌机和自落式搅拌机相比，搅拌作用强烈，搅拌时间短，适于搅拌低流动性混凝土、干硬性混凝土和轻骨料混凝土。

2）作业条件

① 试验室已下达混凝土配合比通知单，严格按照配合比进行生产任务，如有原材变化，以试验室的配合比变更通知单为准，严禁私自更改配合比。

② 所有的原材料经检查，全部应符合配合比通知单所提出的要求。

③ 搅拌机及其配套的设备应运转灵活、安全可靠。电源及配电系统符合要求，安全可靠。

④ 所有计量器具必须有检定的有效期标识。计量器具灵敏可靠，并按施工配合比设专人定磅。

⑤ 新下达的混凝土配合比，应进行开盘鉴定。

3）混凝土制作要求

水泥宜采用不低于 42.5 级硅酸盐或普通硅酸盐水泥，砂宜选用细度模数为 2.3～3.0 的中粗砂，石子宜选用粒径 5～25mm 碎石，质量应符合《普通混凝土用砂、石质量及检验方法标准》JGJ 52—2006 的规定，不得使用海砂；预制混凝土墙板混凝土强度等级不宜低于 C30。

4）混凝土材料存放要求

混凝土原材料应按品种、数量分别存放，并应符合下列规定：

① 水泥和掺合料应存放在筒仓内，储存时应保持密封、干燥、防止受潮。

② 砂、石应按不同品种、规格分别存放，并应有防尘和防雨等措施。

③ 外加剂应按不同生产企业、不同品种分别存放，并有防止沉淀等措施。

（2）混凝土搅拌要求

1）准备工作

每台班开始前，对搅拌机及上料设备进行检查并试运转；对所用计量器具进行检查并定磅；校对施工配合比；对所用原材料的规格、品种、产地、牌号及质量进行检查，并与施工配合比进行核对；对砂、石的含水率进行检查，如有变化，及时通知试验人员调整用水量。一切检查符合要求后，方可开盘拌制混凝土。

2）物料计量

① 砂、石计量：采用自动上料，需调整好斗门关闭的提前量，以保证计量准确。砂、石计量的允许偏差应≤±2%。

② 水泥计量：搅拌时采用散装水泥时，应每盘精确计量。水泥计量的允许偏差应≤±1%。

③ 外加剂及混合料计量：使用液态外加剂时，为防止沉淀要随用随搅拌。外加剂的计量允许偏差应≤±1%。

④ 水计量：水必须盘盘计量，其允许偏差应≤±1%。

3）第一盘混凝土拌制的操作

① 每工作班拌制第一盘混凝土时，先加水使搅拌筒空转数分钟，搅拌筒被充分湿润后，将剩余积水倒净。

② 搅拌第一盘时，由于砂浆粘筒壁而损失，因此，根据试验室提供的砂石含水率及配合比配料，每班第一盘料须增加水泥10kg，砂20kg。

③ 从第二盘开始，按给定的配合比投料。

搅拌时间控制：混凝土搅拌时间在60～120s之间为佳。冬期施工时搅拌时间应取常温搅拌时间的1.5倍。

4）出料时的外观及时间

出料前，在观察口目测拌合物的外观质量，保证混凝土应搅拌均匀、颜色一致，具有良好的和易性。每盘混凝土拌合物必须出尽，下料时间为20s。

5）混凝土拌制的检查及技术要求见表4-1。

混凝土拌制的检查及技术要求　　　　　　　　　　　　　　表4-1

检验项目	技术要求	检验方案		检验方法
		检验员	操作者	
称量误差值	水泥、掺合料、外加剂≤1%	日常巡检抽检≥1次/班	自检	目测标准砝码
混凝土配方	见混凝土配合比	巡检	自检	目测
搅拌时间	见上述第四点	巡检	自检	目测
坍落度	保证坍落度9～12cm	日常巡检抽检≥1次/班	自检	目测坍落度筒
混凝土强度等级	≥C30	抽检≥1次/班	试验室	试件

2. 预制墙板的混凝土浇筑

（1）混凝土浇筑前各项工作检查

混凝土浇筑前，应逐项对模具、钢筋、钢筋网、连接套管、连接件、预埋件、吊具、预留孔洞、混凝土保护层厚度等进行检查验收，并做好隐蔽工程记录。混凝土浇筑时，应采用机械振捣成型方式。带保温材料的预制构件宜采用水平浇筑方式成型，保温材料宜在混凝土成型过程中放置固定，应采取措施固定保温材料，确保拉结件的位置和间距满足设计要求，这对于满足墙板设计要求的保温性能和结构性能非常重要，应按要求进行过程质量控制。底层混凝土强度达到 1.2MPa 以上时方可进行保温材料敷设，保温材料应与底层混凝土固定，当多层敷设时上下层接缝应错开；当采用垂直浇筑成型工艺时，保温材料可在混凝土浇筑前放置固定。连接件穿过保温材料处应填补密实。

（2）混凝土浇筑

1）混凝土浇筑时应符合下列要求：

① 混凝土应均匀连续浇筑，投料高度不宜大于 500mm。

② 混凝土浇筑时应保证模具、门窗框、预埋件、连接件不发生变形或者移位，如有偏差应采取措施及时纠正。

③ 混凝土从出机到浇筑完毕的延续时间，气温高于 25℃时不宜超过 60min，气温低于 25℃时不宜超过 90min。

④ 混凝土应采用机械振捣密实，对边角及灌浆套筒处充分有效振捣；振捣时应该随时观察固定磁盒是否松动位移，并及时采取应急措施；浇筑厚度使用专门的工具测量，严格控制，对于外叶振捣后应当对边角进行一次抹平，保证结构外叶与保温板间无缝隙。

⑤ 定期定时对混凝土进行各项工作性能试验（坍落度、和易性等）；按单位工程项目留置试块。

2）浇筑混凝土

浇筑混凝土应按照混凝土设计配合比经过试配确定最终配合比，生产时严格控制水胶比和坍落度，如图 4-4 所示。

浇筑和振捣混凝土时应按操作规程，防止漏振和过振，生产时应按照规定制作试块与构件同条件养护。图 4-5 所示为混凝土边

图 4-4　混凝土坍落度试验

浇筑、边振捣示意图，其中振捣器宜采用振动平台或振捣棒，平板振动器辅助使用，混凝土振捣完成后应用机械抹平压光，如图 4-6 所示。

3. 带保温材料的预制墙板浇筑

带保温材料的预制墙板浇筑工艺示意图如图 4-7 所示。

（1）浇筑工艺要求

带夹心保温材料的预制墙板宜采用平模工艺成型，当采用一次成型工艺时应先浇筑外叶混凝土层，再安装保温材料和连接件。预制混凝土复合保温夹心墙板由内叶墙、保温层及外叶墙一次成型，当采用二次成型工艺时应先浇筑外叶混凝土层，再安装连接件，隔天再铺装保温材料和浇筑内叶混凝土层。当采用立模工艺时，应同步浇筑内外叶混凝土层，

生产时应采取可靠措施保证内外叶混凝土层厚度、保温层和连接件的位置准确。保温板铺设前应按设计图纸和施工要求，确认连接件和保温材料满足要求后，方可铺设保温材料和安装连接件，保温材料铺设应紧密排列。其中连接件主要采用非金属连接件，避免"热桥"产生，墙板节能保温性能好。保温层和饰面层与结构同寿命，耐久性好，墙板整体防火性能良好。

图 4-5 振捣混凝土示意图

图 4-6 机械抹平压光

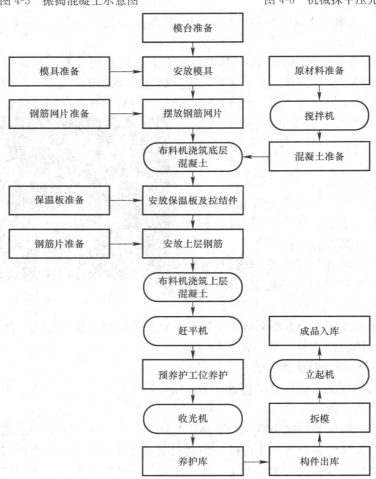

图 4-7 带保温材料的预制墙板施工工艺流程图

（2）浇筑工艺流程

复合保温夹心外墙采用反打一次成型工艺制作。首层钢筋网片入模→首层混凝土浇筑→铺设保温聚苯→布置连接件→上层钢筋骨架入模→上层混凝土浇筑→表面抹平→蒸养→脱模→构件清理→构件存放。其生产工序除正常构件生产内容之外，两大重要工序为保温工序和连接件布置工序：

① 保温工序：构件加工图→聚苯放样→聚苯下料→聚苯铺装→浇筑。

为保证聚苯的保温性能，聚苯尺寸严格按照图纸下料，允许偏差－3～0mm。

② 连接件工序：连接件布置图→聚苯打孔→插入连接件→连接件调整→浇筑。

外墙保温拉结件如图4-8所示，是用于连接预制保温墙体内、外层混凝土墙板，传递墙板剪力，以使内外层墙板形成整体的连接器。拉结件宜选用纤维增强复合材料或不锈钢薄钢板加工制成。

图 4-8　外墙保温拉结件连接图

4.1.3　任务实施

混凝土制作与浇筑模块是装配式建筑虚拟仿真实训系统的重要模块之一，其主要工序是进行生产前准备、空中运输车运料、布料机上料、布料机浇筑、模床振捣、保温板铺设与固定。根据标准图集 15G365-1《预制混凝土剪力墙外墙板》中编号为 WQCA-3028-1516 的夹心墙板为实例进行模拟分析。具体操作步骤如下：

4-1　外墙板混凝土制作与浇筑视频

（1）练习或考核计划下达

计划下达分两种情况，第一种：练习模式下学生根据学习需求自定义下达计划。第二种：考核模式下教师根据教学计划及检查学生掌握情况下达计划并分配给指定学生进行训练或考核，如图4-9、图4-10所示。

图 4-9　学生自主下达计划

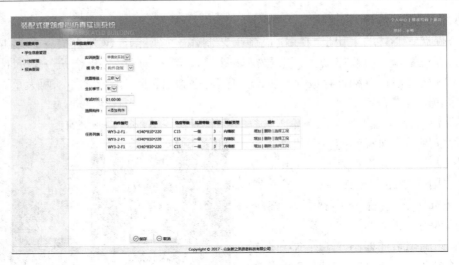

图 4-10　教师下达计划

（2）登录系统查询操作任务

1）输入用户名及密码登录系统，如图 4-11 所示。

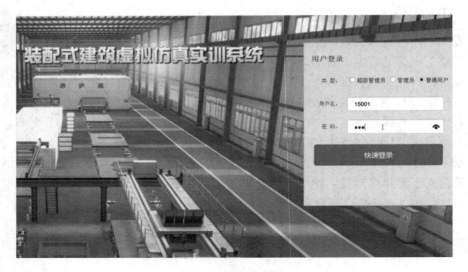

图 4-11　系统登录

2）登录系统后查询生产任务，根据任务列表，明确任务内容，如图 4-12 所示。

（3）系统组成

系统分控制端软件和 3D 虚拟端软件，控制端软件为仿真构件生产厂二维组态控制界面，虚拟端为 3D 仿真工厂生产场景。虚拟场景设备动作及状态受控制端操作控制，如图 4-13、图 4-14 所示。

（4）生产前检查

根据预制构件生产厂生产标准，在工作进行前首先要进行产前准备，其中包括着装检查和卫生检查，如图 4-15 所示。

图 4-12　生产任务列表

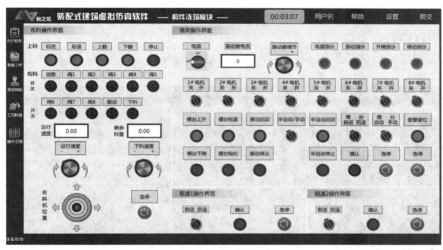

图 4-13　控制端软件

图 4-14　3D 虚拟软件

图 4-15　生产前准备

（5）运行模台到布料位置

操作控制端模台前进控制按钮，操作模台运送模具到布料位置，如图 4-16 所示。

图 4-16　运行模台到布料位置

（6）混凝土请求与生产

1）根据任务构件所需混凝土量，设置混凝土请求量，如图 4-17、图 4-18 所示。

2）根据构件强度要求，设置混凝土配合比，如图 4-19 所示。

3）根据混凝土配合比及浇筑工序所需混凝土量进行混凝土搅拌制作，如图 4-20、图 4-21 所示。混凝土搅拌完毕后由下料口下料到空中运输车内，并控制运输车运送混凝土到浇筑区域。

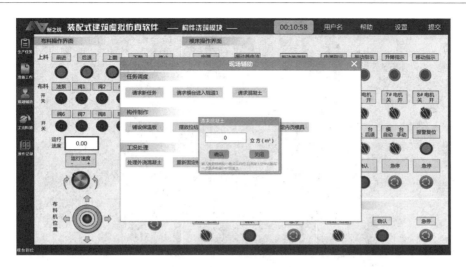

图 4-17　设置混凝土请求量（控制端）

图 4-18　空中运输车等待接料界面（3D 虚拟端）

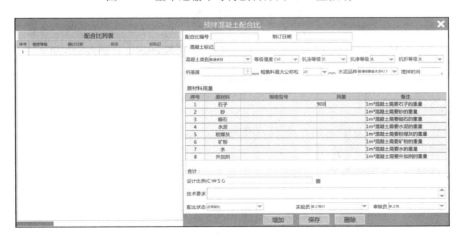

图 4-19　混凝土配合比设置（控制端）

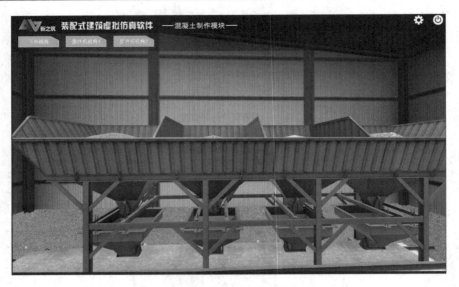

图 4-20　混凝土原料料仓（虚拟端）

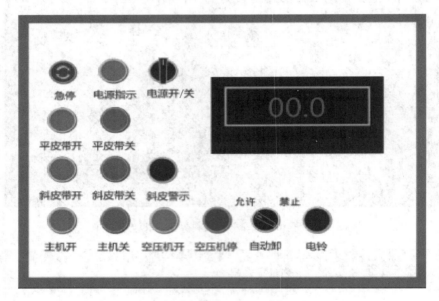

图 4-21　搅拌站操作台（控制端）

（7）布料机上料

通过控制程序操作空中运输车下料到布料机，布料机混凝土量示数随混凝土下料时变化，如图 4-22、图 4-23 所示。

（8）布料机一次布料操作

操作布料机到模具位置，开启布料口阀门开始移动布料，首先布料外叶墙混凝土，根据目标构件要求，控制混凝土布料量，如图 4-24、图 4-25 所示。

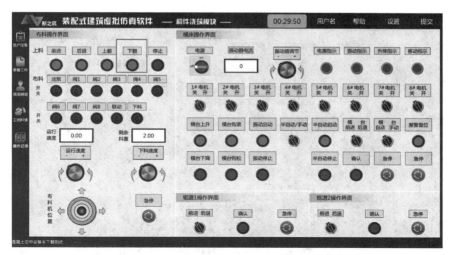

图 4-22 空中运输车下料（控制端）

图 4-23 空中运输车下料（虚拟端）

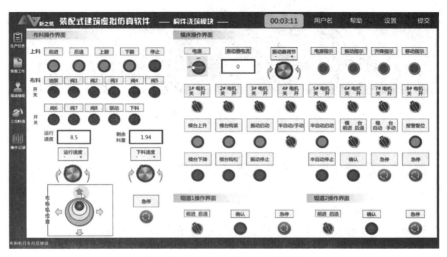

图 4-24 布料机布料（控制端）

图 4-25 布料机布料（3D 虚拟端）

（9）模床振捣操作

保温板外叶混凝土浇筑完毕后，开启模床进行振捣操作。振捣过程中合理控制振捣时间，过短将造成构件麻面，过长将造成混凝土离析，如图 4-26 所示。

图 4-26 模床振捣（3D 虚拟端）

（10）保温板放置与固定

铺设保温板并通过拉接件进行保温板与墙体固定，保温板设置间距依据国家标准进行放置，如图 4-27、图 4-28 所示。

（11）内叶模具摆放与固定

操作行车调运内叶模具并固定，并放置内叶钢筋骨架及埋件，如图 4-29 所示。

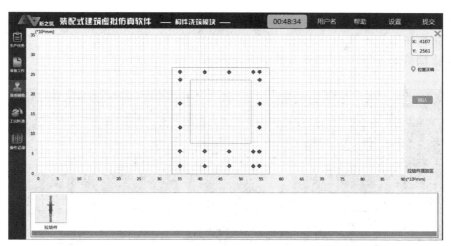

图 4-27　保温板连接件安放（控制端）

图 4-28　保温板连接件安放（3D 虚拟端）

图 4-29　内叶模具摆放与固定（3D 虚拟端）

（12）二次布料机模床振捣

操作布料机进行二次布料，布料完毕进行模床振捣。待模床振捣完毕后本构件浇筑完毕，即可将构件运送至下道工序，并开始下个任务操作，如图 4-30 所示。

图 4-30　二次布料机模床振捣

（13）任务提交

待任务列表内所有任务操作完毕后，即可进行系统提交（若计划尚未操作完毕，但是到达练习考核时间，系统会自动提交），如图 4-31 所示。

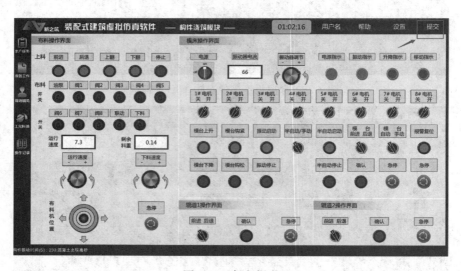

图 4-31　任务提交

（14）成绩查询及考核报表导出

登录管理端，即可查询操作成绩及导出详细操作报表（总成绩、操作成绩、操作记录、评分记录等），如图 4-32、图 4-33 所示。

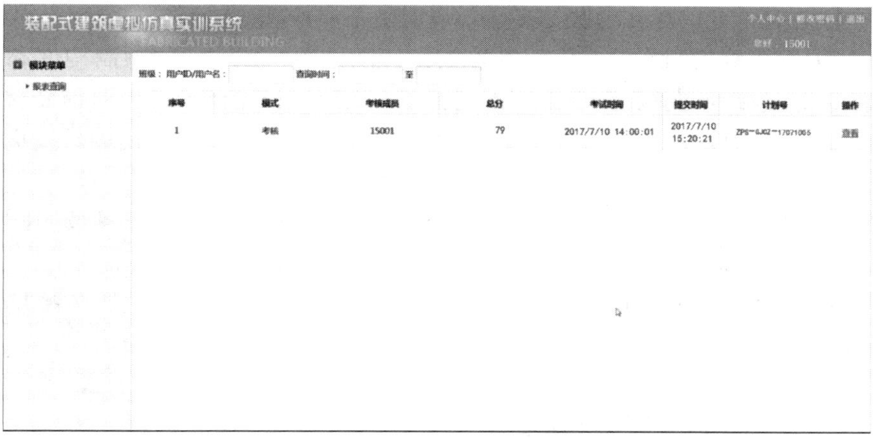

图 4-32　考核成绩查询

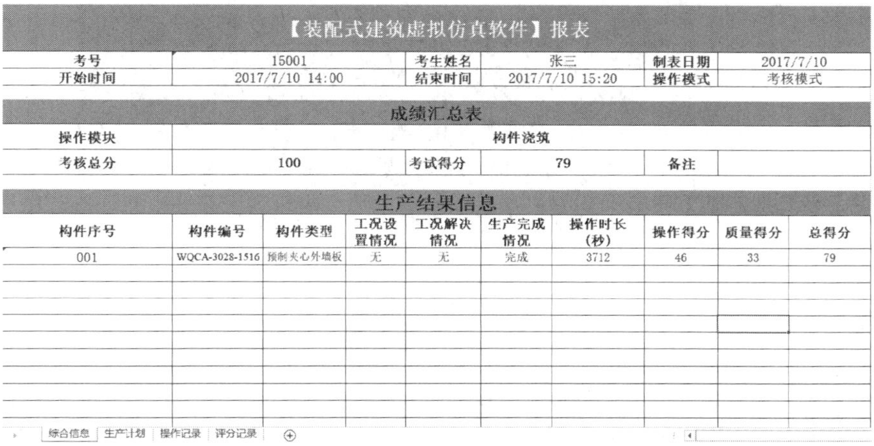

【装配式建筑虚拟仿真软件】报表									
考号	15001		考生姓名	张三			制表日期	2017/7/10	
开始时间	2017/7/10 14:00		结束时间	2017/7/10 15:20			操作模式	考核模式	
成绩汇总表									
操作模块	构件浇筑								
考核总分	100		考试得分	79			备注		
生产结果信息									
构件序号	构件编号	构件类型	工况设置情况	工况解决情况	生产完成情况	操作时长（秒）	操作得分	质量得分	总得分
001	WQCA-3028-1516	预制夹心外墙板	无	无	完成	3712	46	33	79

综合信息　生产计划　操作记录　评分记录

图 4-33　详细考核报表

4.1.4　知识拓展

1. 预制外墙板的制作工艺

目前预制墙板的制作工艺主要有两种，即正打法和反打法，反打法是指在模台的底模上预铺各种花纹的衬模，使墙板的外表皮在下面，内表皮在上面；正打法则与之相反，通常是直接在模台的底模上浇筑墙板，使墙板的内表皮朝下，外表皮朝上，反打法可以在浇筑外墙混凝土墙体的同时一次性将外饰面的各种线型及质感带出来，贴有面砖的预制混凝土外墙板通常采取这一工艺，对于预制混凝土夹心保温外墙板，两种工艺都可以实施，但工艺流程会不同，对生产工艺布置会有一定影响。

2. 不同的混凝土墙板的制作要求

（1）夹心外墙板

1）夹心外墙采用水平浇筑方式成型，保温材料在混凝土成型过程中放置固定，底层混凝土初凝后应进行上层混凝土浇筑。保温板要按照图纸提前下好料，下料尺寸严格按照图纸要求，拼装时不允许存在缝隙，多层敷设时上下层接缝应错开。

2）预制混凝土墙板制作前，应编制墙板设计制作图，带饰面的预制构件和夹心外墙板的拉结件、保温板等均应提前绘制排板定位图，工厂应根据图纸要求对饰面材料、保温材料等进行裁切、制板等加工处理。墙板设计制作图应包含：单个预制墙板模板图、配筋图；预埋吊件及其连接件构造图；系统构件拼装图。

3）需要预留、穿孔的位置提前做好，连接件位置提前使用专用工具按照图纸位置开孔，开孔不宜过大，避免外叶混凝土溢浆，导致后期连接件松动。

4）带预埋管线的预制构件，其预埋管线应在浇筑混凝土前预先放置并固定，如图 4-34 所示。

图 4-34 墙板中预留窗框、线盒和预留孔洞

（2）带外装饰面墙板

带外装饰面墙板采用水平浇筑一次成型反打工艺，应符合下列要求：

1）外装饰石材、面砖的图案、分割、色彩、尺寸应符合设计要求。

2）外装饰石材、面砖铺贴之前应清理模具，并按照外装饰敷设图的编号分类摆放。

3）石材和底模之间宜设置垫片保护。

4）石材入模敷设前，应根据外装饰敷设图核对石材尺寸，并提前在石材背面涂刷界面处理剂。

5）石材和面砖敷设前，应按照控制尺寸和标高在模具上设置标记，并按照标记固定和校正石材和面砖，如图 4-35 所示。

图 4-35 反打工艺中的铺贴面砖

6）石材敷设前，应在石材背面用不锈钢卡勾与混凝土进行机械连接。

7）石材和面砖敷设后表面应平整，接缝应顺直，接缝的宽度和深度应符合设计要求。预制墙板外装饰允许偏差应符合表 4-2 的规定。

预制墙板外装饰允许偏差　　　　　　　　　　　　　　　表 4-2

外装饰种类	项目	允许偏差（mm）	检验方法
通用	表面平整度	2	2m 靠尺或塞尺检查
石材和面砖	阳角方正	2	用托线板检查
	上口平直	2	拉通线用钢尺检查
	接缝平直	3	用钢尺或塞尺检查
	接缝深度	±5	
	接缝宽度	±2	用钢尺检查

注：当采用计数检验时，除有专门要求外，合格点率应达到 80% 及以上，且不得有严重缺陷，可以评定为合格。

（3）带门窗框、预埋管线的预制墙板，其制作应符合下列规定：

1）门窗框、预埋管线应在浇筑混凝土前预先放置并固定，固定时应采取防止污染门窗框表面的保护措施。

2）当采用铝合金门窗框时，应采取避免框板与混凝土直接接触发生电化学腐蚀的措施。

3）应考虑温度或受力变形与门窗框适应性的要求。

4）门窗框安装位置允许偏差应符合表 4-3 的规定。

门框和窗框安装位置允许偏差　　　　　　　　　　　　　表 4-3

项目	允许偏差（mm）	检验方法
门窗框定位	±1.5	钢尺检查
门窗框对角线	±1.5	钢尺检查
门窗框水平度	±1.5	钢尺检查

注：当采用计数检验时，除有专门要求外，合格点率应达到 80% 及以上，且不得有严重缺陷，可以评定为合格。

实例 4.2　预制混凝土板混凝土制作与浇筑

4.2.1　实例分析

构件生产厂技术员赵某接到某工程预制钢筋混凝土叠合板的制作和混凝土浇筑任务，其中一块双向受力叠合板的底板选自标准图集 15G366-1《桁架钢筋混凝土叠合板（60mm厚底板）》中编号为 DBS2-67-3012-11 的桁架叠合板。该桁架叠合板所属工程的结构及环境特点如下：

该工程为政府保障性住房，位于××西侧，××北侧，××南侧，××东侧。工程采用装配整体式混凝土剪力墙结构体系，预制构件包括：预制夹心外墙、预制内墙、预制叠合楼板、预制楼梯、预制阳台板及预制空调板。该工程地上 11 层，地下 1 层，标准层层高 2.8m，抗震设防烈度 7 度，结构抗震等级三级。外墙板按环境类别一类设计，厚度为

200mm，建筑面层为50mm，采用混凝土强度等级为C30。

赵某现需要结合桁架叠合板 DBS2-67-3012-11 的钢筋进行该叠合板的制作和混凝土浇筑，桁架叠合板钢筋示意图如图4-36所示。

4.2.2 相关知识

（1）预制楼板的混凝土制作

预制混凝土楼板混凝土制作要求及混凝土准备工作同预制混凝土墙板。

（2）预制楼板的混凝土浇筑

预制混凝土楼板的混凝土浇筑要求同预制混凝土墙板。

（3）预制楼板混凝土浇筑工艺

预制混凝土楼板浇筑施工工艺为：底模固定及清理→绑扎钢筋及预埋、预留孔→浇筑混凝土及振捣→表面扫毛。

1）底模固定及清理如图4-37所示。

图4-36　叠合板钢筋绑扎　　　　　　图4-37　底模固定及清理

2）绑扎钢筋及预埋、预留孔。

3）浇筑混凝土及振捣，如图4-38所示。

图4-38　混凝土浇筑及振捣

4）表面扫毛

预制楼板与后浇混凝土的结合面或叠合面应按设计要求制成粗糙面和键槽，粗糙面可以采用拉毛处理方法。采用拉毛处理方法时应在混凝土达到初凝前完成，粗糙面的凹凸度差值不宜小于 4mm。拉毛操作时间应根据混凝土配合比、气温及空气湿度等因素综合把控，过早拉毛会导致粗糙度降低，过晚会导致拉毛困难甚至影响混凝土表面强度。

图 4-39　混凝土表面扫毛

4.2.3　任务实施

混凝土制作与浇筑模块是装配式建筑虚拟仿真实训系统的重要模块之一，其主要工序是进行生产前准备、空中运输车运料、布料机上料、布料机浇筑、模床振捣、保温板铺设与固定。根据标准图集 15G366-1《桁架钢筋混凝土叠合板（60mm 厚底板）》中编号为 DBS2-67-3012-11 的桁架叠合板为实例进行模拟分析。具板操作步骤如下：

4-2　叠合板混凝土制作与浇筑视频

（1）练习或考核计划下达

计划下达分两种情况，第一种：练习模式下学生根据学习需求自定义下达计划。第二种：考核模式下教师根据教学计划及检查学生掌握情况下达计划并分配给指定学生进行训练或考核，如图 4-40、图 4-41 所示。

图 4-40　学生自主下达计划

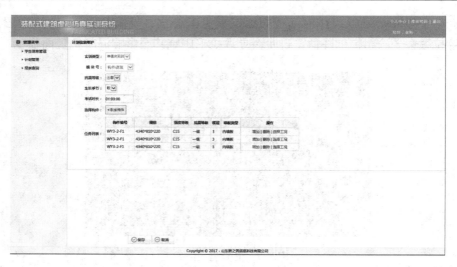

图 4-41　教师下达计划

（2）登录系统查询操作任务

1）输入用户名及密码登录系统，如图 4-42 所示。

图 4-42　系统登录

2）登录系统后查询生产任务，根据任务列表，明确任务内容，如图 4-43 所示。

（3）系统组成

系统分控制端软件和 3D 虚拟端软件，控制端软件为仿真构件生产厂二维组态控制界面，虚拟端为 3D 仿真工厂生产场景。虚拟场景设备动作及状态受控制端操作控制，如图 4-44、图 4-45 所示。

（4）生产前检查

根据预制构件生产厂生产标准，在工作进行前首先要进行产前准备，其中包括着装检查和卫生检查，如图 4-46 所示。

图 4-43　生产任务列表

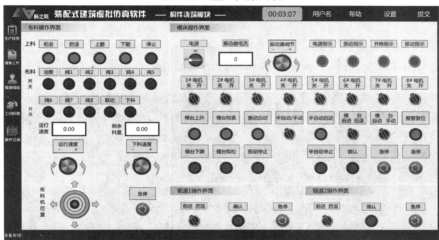

图 4-44　控制端软件

图 4-45　3D 虚拟软件

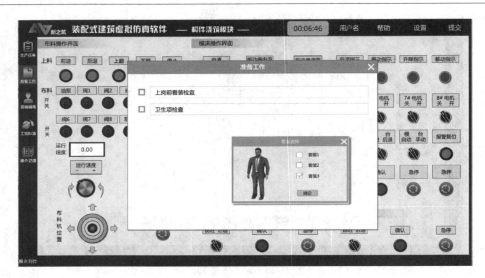

图 4-46　生产前检查

（5）运行模台到布料位置

操作控制端模台前进控制按钮，操作模台运送模具到布料位置，如图 4-47 所示。

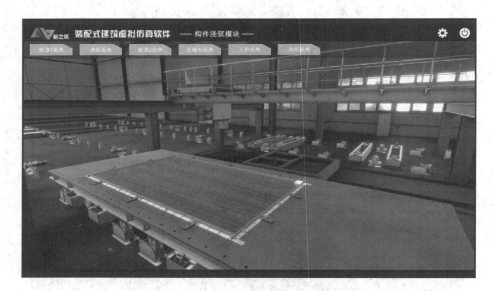

图 4-47　运行模台到布料位置

（6）混凝土请求与生产

1）根据任务构件所需混凝土量，设置混凝土请求量，如图 4-48、图 4-49 所示。

2）根据构件强度要求，设置混凝土配合比，如图 4-50 所示。

3）根据混凝土配合比及浇筑工序所需混凝土量进行混凝土搅拌制作，如图 4-51、图 4-52 所示。混凝土搅拌完毕后由下料口下料到空中运输车内，并控制运输车运送混凝土到浇筑区域。

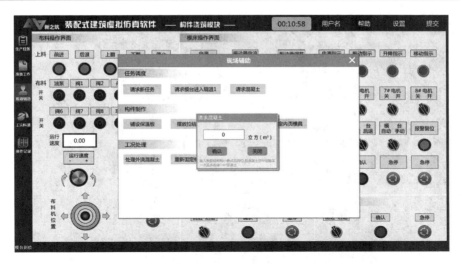

图 4-48　设置混凝土请求量（控制端）

图 4-49　空中运输车等待接料界面（3D 虚拟端）

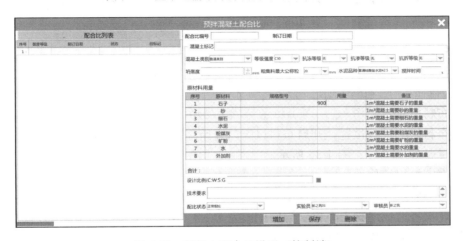

图 4-50　混凝土配合比设置（控制端）

图 4-51　混凝土原料料仓（虚拟端）

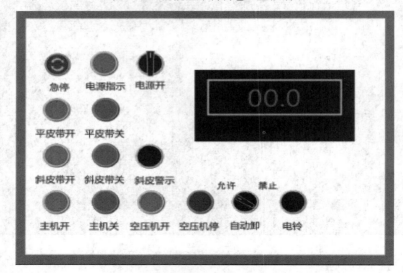

图 4-52　搅拌站操作台（控制端）

（7）布料机上料

通过控制程序操作空中运输车下料到布料机，布料机混凝土量示数随混凝土下料时时变化，如图 4-53、图 4-54 所示。

（8）布料机布料操作

操作布料机到模具位置，开启布料口阀门开始移动布料，根据目标构件要求，控制混凝土布料量，如图 4-55、图 4-56 所示。

（9）模床振捣操作

浇筑完毕后，开启模床进行振捣操作。振捣过程中合理控制振捣时间，过短将造成构件麻面，过长将造成混凝土离析。构件振捣完毕后，本次任务操作完毕，即运送至下道工序，开始下个任务操作，如图 4-57 所示。

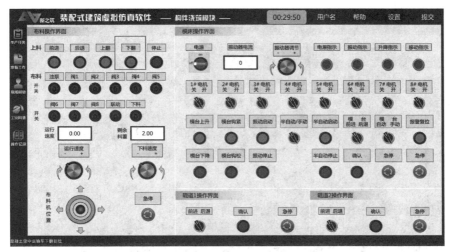

图 4-53　空中运输车下料（控制端）

图 4-54　空中运输车下料（虚拟端）

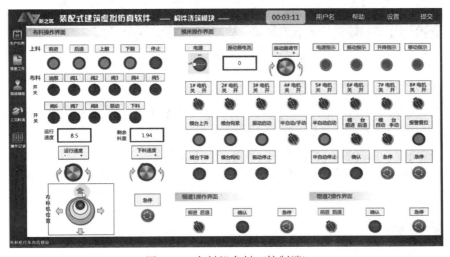

图 4-55　布料机布料（控制端）

图 4-56　布料机布料（3D 虚拟端）

图 4-57　模床振捣（3D 虚拟端）

（10）任务提交

待任务列表内所有任务操作完毕后，即可进行系统提交（若计划尚未操作完毕，但是到达练习考核时间，系统会自动提交），如图 4-58 所示。

（11）成绩查询及考核报表导出

登录管理端，即可查询操作成绩及导出详细操作报表（总成绩、操作成绩、操作记录、评分记录等），如图 4-59、图 4-60 所示。

4.2.4　知识拓展

在实际工程中，除使用桁架叠合楼板外，还常用 PK 叠合楼板，所谓 PK 是快速、拼装之意，PK 板是一种预制预应力带肋叠合楼板，其预制构件底板为预应力带肋薄板，且肋上预留孔洞，施工时将预制底板作为模板，通过预制构件板肋长方形孔洞配置横向非预应力钢筋，再在板拼缝处布置折线形钢筋后浇筑混凝土，待后浇混凝土结硬后即形成 PK 预应力双向叠合楼板。该楼板结构具有较好的整体性和抗裂性能，并且施工时不用模板和支撑，便于工厂制作，应用前景广阔。PK 叠合楼盖常以 PK 板与现浇梁、预制梁或钢结构梁叠合现浇而成，主要有预制倒 T 板和倒双 T 板两种，如图 4-61～图 4-64 所示。

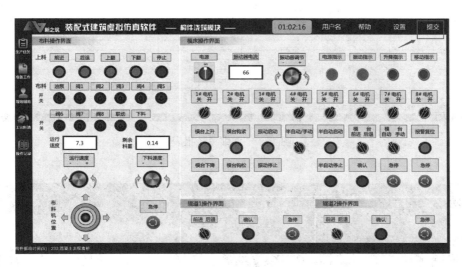

图 4-58　任务提交

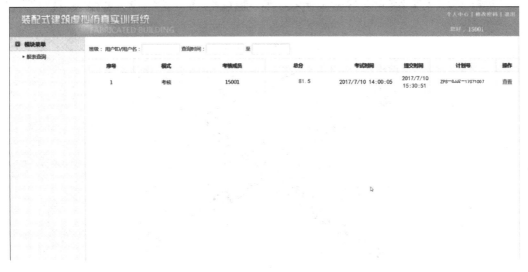

图 4-59　考核成绩查询

【装配式建筑虚拟仿真软件】报表						
考号	15001		考生姓名	张三	制表日期	2017/7/10
开始时间	2017/7/10 14:00		结束时间	2017/7/10 15:30	操作模式	考核模式
成绩汇总表						
操作模块	构件浇筑					
考核总分	100		考试得分	81.5	备注	
生产结果信息						
构件序号	构件编号	构件类型	工况设置情况	工况解决情况	生产完成情况	操作时长（秒）	操作得分	质量得分	总得分
001	DBS2-67-3012-11	叠合板楼板	无	无	完成	3201	45.5	36	81.5

综合信息　生产计划　操作记录　评分记录

图 4-60　详细考核报表

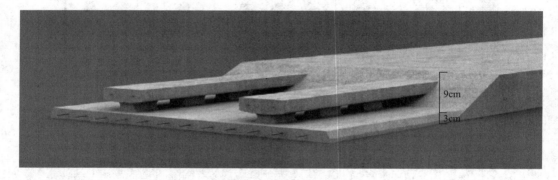

图 4-61　倒双 T 形 PK 板

图 4-62　PK 叠合楼盖示意图

图 4-63　PK 叠合楼盖施工图　　　　　图 4-64　PK 板与现浇梁叠合现浇示意图

实例 4.3　预制混凝土楼梯混凝土制作与浇筑

4.3.1　实例分析

　　构件生产厂技术员赵某接到某工程预制钢筋混凝土板式楼梯的制作和混凝土浇筑任务，该任务选用了国家建筑标准设计图集 15G367-1《预制钢筋混凝土板式楼梯》中编号为 ST-28-24 的楼梯板。该楼梯板所属工程的结构及环境特点如下：

　　该工程为政府保障性住房，位于××西侧，××北侧，××南侧，××东侧。工程采用装配整体式混凝土剪力墙结构体系，预制构件包括：预制夹心外墙、预制内墙、预制叠合楼板、预制楼梯、预制阳台板及预制空调板。该工程地上 11 层，地下 1 层，标准层层高 2.8m，抗震设防烈度 7 度，结构抗震等级三级。外墙板按环境类别一类设计，厚度为 200mm，建筑面层为 50mm，采用混凝土强度等级为 C30，坍落度要求 35～50mm。

　　赵某现需要参考楼梯板 ST-28-24 的钢筋进行该楼梯板的制作和混凝土浇筑工作，其楼梯板示意图如图 4-65 所示。

图 4-65　预制板式楼梯示意图

4.3.2　相关知识

　　预制钢筋混凝土楼梯是将楼梯分成休息平台板和楼梯段两部分。将构件在加工厂或施工现场进行预制，然后现场进行装配或焊接而形成。

1. 预制混凝土楼梯混凝土制作

预制混凝土楼梯混凝土制作要求同预制墙板的制作要求。

2. 预制楼梯的混凝土浇筑

（1）楼梯混凝土浇筑前，模具内浮浆、焊渣、铁锈及各种污物应清理干净，脱模剂应涂刷均匀，密封胶及双面胶带应在清理后及时打注与粘贴，防止密封胶凝固不充分造成楼梯漏浆严重影响楼梯表观质量，合模时应注意上下口应一致，避免出现成品左右厚度不一。楼梯模具下部缝隙较大的，应填满塞实后进行密封。

（2）混凝土配合比应根据产品类别和生产工艺要求确定，混凝土浇筑应采用机械振捣成型方式。

图 4-66　楼梯模板清理

（3）混凝土浇筑参考墙板、楼板的相关要求。

3. 预制楼梯混凝土浇筑工艺

预制混凝土楼梯浇筑施工工艺为：模板清理→钢筋绑扎及布设预埋件→合模→布料、振捣成型→抹面、压光。

（1）模板清理（图 4-66）

（2）钢筋绑扎及布设栏杆预埋件（图 4-67）

（a）　　　　　　　　　　　　（b）

（c）

图 4-67　楼梯钢筋绑扎及布设栏杆预埋件

（a）钢筋下料；（b）钢筋绑扎；（c）栏杆预埋件

（3）合模（图 4-68）

合模时需要注意以下几点：

1）堵头必须也涂脱模剂，预埋件螺丝必须上紧，防止振捣时螺丝松脱跑浆；预埋件必须以"井"字形钢筋固定在笼筋骨架上。

2）合模时注意背板底部是否压笼筋。

3）合模顺序一般为：合背板→锁紧拉杆→合侧板→上部小侧板。

4）合模完成后必须检查上部尺寸是否合格。

（4）布料、振捣成型（图 4-69）

图 4-68　合模

图 4-69　布料、振捣

图 4-70　抹面、压光

布料、振捣时需要注意以下几点：

1）根据实际情况均匀振捣，振动棒应快插慢拔，振捣间距 15～20cm，每处振捣约 20～30s；根据混凝土料坍落度适当调整振捣时间。

2）振捣时应注意避开预埋件、钢筋等重要部位；禁止振动棒接触正板，防止正板磨损导致后期清水面粘皮。

（5）抹面、压光（图 4-70）

抹面、压光时需要注意：初次抹面后须静置 1 小时后进行表面压光，压光应轻搓轻压，压光时应将模具表面、顶部浮浆清理干净，构件外表面应光滑无明显凹坑破损，内侧与结构相接触面须做到均匀拉毛处理，拉深 4～5mm，然后再静置 1 小时。

4.3.3　任务实施

混凝土制作与浇筑模块是装配式建筑虚拟仿真实训系统的重要模块之一，其主要工序是进行生产前准备、空中运输车运料、布料机上料、布料机浇筑、模床振捣、保温板铺设与固定。根据标准图集 15G367-1《预制钢筋混凝土板式楼梯》中编号为 ST-28-24 的楼梯板为实例进行模拟分析。具体

4-3　楼梯混凝土制作与浇筑视频

操作步骤如下：

（1）练习或考核计划下达

计划下达分两种情况，第一种：练习模式下学生根据学习需求自定义下达计划。第二种：考核模式下教师根据教学计划及检查学生掌握情况下达计划并分配给指定学生进行训练或考核，如图4-71、图4-72所示。

图4-71 学生自主下达计划

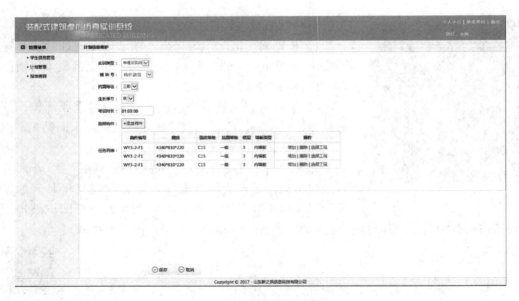

图4-72 教师下达计划

（2）登录系统查询操作任务

1）输入用户名及密码登录系统，如图4-73所示。

图 4-73　系统登录

2）登录系统后查询生产任务，根据任务列表，明确任务内容，如图 4-74 所示。

图 4-74　生产任务列表

（3）系统组成

系统分控制端软件和 3D 虚拟端软件，控制端软件为仿真构件生产厂二维组态控制界面，虚拟端为 3D 仿真工厂生产场景。虚拟场景设备动作及状态受控制端操作控制，如图 4-75、图 4-76 所示。

（4）生产前检查

根据预制构件生产厂生产标准，在工作进行前首先要进行产前准备，其中包括着装检查和卫生检查，如图 4-77 所示。

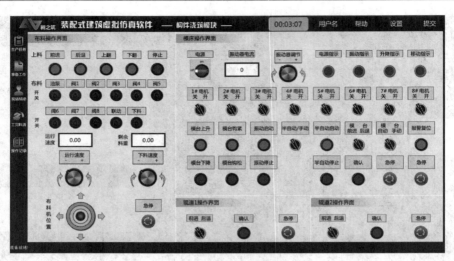

图 4-75　控制端软件

图 4-76　3D 虚拟软件

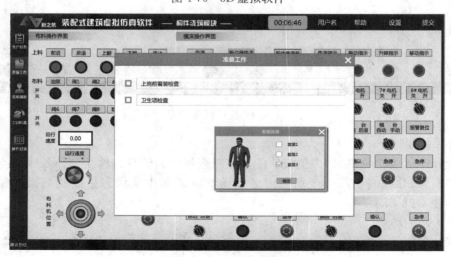

图 4-77　生产前检查

（5）混凝土请求与生产

1）根据任务楼梯构件所需混凝土量，向搅拌站发起混凝土及方量请求，根据混凝土构件强度要求，设置混凝土配合比，如图 4-78 所示。

图 4-78　混凝土配合比设置（控制端）

2）根据混凝土配合比及浇筑工序所需混凝土量进行混凝土搅拌制作。混凝土搅拌完毕后由下料口下料到空中运输车内，并控制运输车运送混凝土到浇筑区域，如图 4-79、图 4-80 所示。

图 4-79　混凝土原料料仓（虚拟端）

（6）预制楼梯布料

控制行车调运布料机至浇筑位置，进行布料操作，如图 4-81 所示。

（7）混凝土振捣

操作振捣棒进行混凝土振捣，直至振捣均匀，并对侧面混凝土进行平整度处理，处理合格后，本次任务结束，继续开始下个任务，如图 4-82 所示。

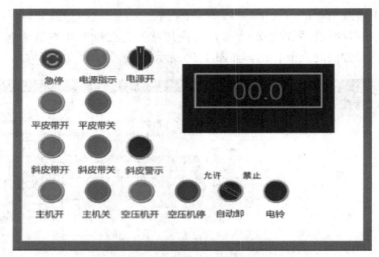

图 4-80　搅拌站操作台（控制端）

图 4-81　预制楼梯布料场景

图 4-82　混凝土振捣

（8）任务提交

待任务列表内所有任务完毕后，即可进行系统提交（若计划尚未操作完毕，但是到达练习考核时间，系统会自动提交），如图 4-83 所示。

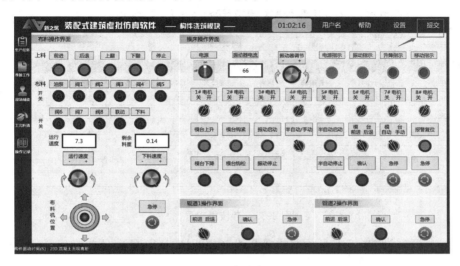

图 4-83　任务提交

（9）成绩查询及考核报表导出

登录管理端，即可查询操作成绩及导出详细操作报表（总成绩、操作成绩、操作记录、评分记录等），如图 4-84、图 4-85 所示。

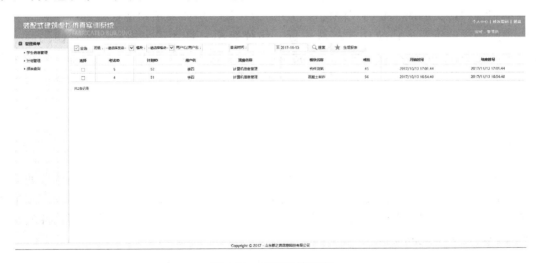

图 4-84　考核成绩查询

4.3.4　知识拓展

（1）预制楼梯的优点

1）预制楼梯成品的表面平整度、密实程度和耐磨性都可达到或超过楼梯地面的要求，可以直接作为完成面使用，避免瓷砖饰面日久破损，或维护后新旧瓷砖不一致的情况。

考号	5		考生姓名		李四		制表日期	2017/10/13
开始时间	2017/10/13 17:01		结束时间		2017/11/13 17:01		实训类型	单模块实训

成绩汇总表

操作模块				构件浇筑				
考核总分	100			考试得分	45		备注	

生产结果信息

序号	构件编号	构件用途	规格	强度等级	楼层	抗震等级	墙板类型	季节	工况设置
1	ST-28-24	单模块实训	2420*1220*1620	C30	3	三级	预制楼梯	一级	
2									
3									
4									
5									
6									
7									

综合信息 | 生产计划 | 操作记录 | 评分记录 | +

图 4-85　考核报表导出

2）预制楼梯的踏步板上可预留防滑凸线（或凹槽），既可满足功能需要，又可起到装饰效果。

而传统现浇楼梯在工程应用中的缺点主要表现在施工速度缓慢、模板搭建复杂、模板耗费量大、现浇后不能立即使用（需另搭建设施工通道）、现浇楼梯必须做表面装饰处理等。

（2）预制楼梯的缺点

预制楼梯最大的缺点是与现浇楼梯相比造价较高。但如果预制楼梯全部统一标准化设计，预制楼梯造价要比传统楼梯相对较低，传统楼梯需要大量木模板，而且使用频率较低，标准化后的预制楼梯模具可以反复利用，只是会在运输费用上有一定增加，传统施工的人工和现场作业辅助工具材料，相对预制而言费用更高，综合来讲，预制楼梯会比传统楼梯便宜。

小结

本部分主要介绍了预制混凝土墙体的混凝土制备和浇筑工艺、预制混凝土楼板的混凝土制备和浇筑工艺、预制混凝土楼梯的混凝土制备和浇筑工艺。要求学生能够利用装配式建筑虚拟仿真案例实训平台完成装配式混凝土剪力墙、叠合楼板、预制楼梯等构件的虚拟仿真实训，最终生成成绩报表。

习题

1. 已知 C20 混凝土的实验室配合比为：1∶2.55∶5.12，水胶比为 0.65，经测定砂的含水率为 3%，石子的含水率为 1%，每 1m³ 混凝土的水泥用量 310kg，则施工配合比为多少？各种原材料投入量是多少？

2. 某工程混凝土实验室配合比为 1∶2.28∶4.47；水胶比 $W/B=0.63$，每 1m³ 混凝

土水泥用量 m_c＝285kg，现场实测砂含水率3％，石于含水率1％，求施工配合比及每1m³混凝土各种材料用量。若采用400L混凝土搅拌机，求搅拌时的一次投料量。

3. 混凝土剪力墙浇筑混凝土前各项检查内容包括哪些？

4. 预制混凝土剪力墙的混凝土浇筑时应满足什么要求？

5. 带夹心保温材料的预制混凝土剪力墙体采用平模工艺成型时的施工工艺是什么？

6. 预制楼板的混凝土浇筑工艺是什么？

7. PK 预应力混凝土叠合板的优点是什么？

8. 预制混凝土板混凝土制作要求是什么？

9. 混凝土原材料应按品种、数量分别存放，应符合哪些规定？

10. 预制楼梯的施工工艺是什么？

任务 5　构件蒸养与起板入库

实例 5.1　预制混凝土墙构件蒸养与起板入库

5.1.1　实例分析

构件生产厂技术员赵某接到某工程预制混凝土剪力墙外墙的构件蒸汽养护（简称"蒸养"）与起板入库任务，其中标准层是一块带一个窗洞的矮窗台外墙板，选用了标准图集15G365-1《预制混凝土剪力墙外墙板》中编号为 WQCA-3028-1516 的外墙板。该外墙板所属工程的结构及环境特点如下：

该工程为政府保障性住房，位于××西侧，××北侧，××南侧，××东侧。工程采用装配整体式混凝土剪力墙结构体系，预制构件包括：预制夹心外墙、预制内墙、预制叠合楼板、预制楼梯、预制阳台板及预制空调板。该工程地上 11 层，地下 1 层，标准层层高 2.8m，抗震设防烈度 7 度，结构抗震等级三级。外墙板按环境类别一类设计，厚度为 200mm，建筑面层为 50mm，采用混凝土强度等级为 C30，坍落度要求 35～50mm。

赵某现需要结合任务 4 中所浇筑的外墙板 WQCA-3028-1516 进行该外墙板的蒸养与起板入库工作，其外墙板示意图如图 5-1 所示。

图 5-1　带窗洞的矮窗台外墙板示意图

5.1.2　相关知识

1. 养护方式与特点

混凝土预制构件可采用覆膜保湿的自然养护、化学保护膜养护、远红外线养护、太阳能养护和蒸汽养护等多种养护方式。而目前普遍使用的是覆膜保湿的自然养护或蒸汽养护。

（1）混凝土预制构件覆膜保湿的自然养护：预制构件成型后自然养护至混凝土达到终凝，小心拆除预制构件的边模，在预制构件上层洒足量水，然后加盖保湿薄膜静停，自然养护到预制构件达到起吊强度。自然环境下进行养护，保持混凝土表面湿润，养护时间不少于 7 天。自然养护成本低，简单易行，但养护时间长、模板周转率低，占用场地大。

（2）混凝土预制构件蒸养又分为传统混凝土预制构件蒸养和 PC 构件蒸养两种。

1）传统构件蒸养

传统构件蒸养是将构件放置在有饱和蒸汽或蒸汽与空气混合物的养护室内，在较高的温度和湿度的环境下进行养护，以加速混凝土的硬化，使之在较短的时间内达到规定的强度标准值。蒸养可缩短养护时间，模板周转率相应提高、占用场地大大减少。蒸养效果与蒸养制度有关，它包括养护前静置时间、升温和降温速度、养护温度、恒温养护时间、相对湿度等。蒸养的过程可分为静停、升温、恒温、降温等四个阶段：

①　静停阶段是混凝土构件成形后，在室温下停放养护叫作静停，以防止构件表面产生裂缝和疏松现象。静停时间为混凝土全部浇捣完毕后不宜少于 2 小时。

②　升温阶段是构件的吸热阶段，升温速度不宜过快，升温速率应为 10～20℃/h，以免构件表面和内部温差太大而产生裂纹。

③　恒温阶段是升温后温度保持不变的时间，此时混凝土强度增长最快，这个阶段应保持 90% 以上的相对湿度，蒸养时间不低于 4 小时，宜为 6～8 小时，梁、柱等较厚的预制构件养护最高温度 40℃，叠合板、墙板等较薄的预制构件或冬季生产时，养护温度不高于 60℃。

④　降温阶段是构件的散热过程，降温速度不宜过快，降温速率不宜大于 10℃/h，构件出窑后，构件表面与外界温差不得大于 20℃。当混凝土表面温度和环境温差较大时，应立即覆盖薄膜养护。

传统构件蒸养方法通常有三种：立窑、坑窑和隧道窑。立窑和隧道窑能连续生产，坑窑为间歇生产；通过上述分析，不难看出，自然养护时间长，不利于大批量生产；蒸养中的立窑和隧道窑虽然能连续生产，但占地面积较大，也不利于大批量生产。

2）PC 构件蒸养

针对传统构件蒸养特点，PC 构件工厂为了大批量生产，减少占地面积，同时更要保证构件的强度，借鉴国外先进技术，目前国内主要采用低温集中蒸养的方式，其特点如下：

①　恒温蒸养，温度不超过 60℃；

②　辐射式蒸养，热介质通过散热器加热空气，之后传递给构件，并使之加热；

③　多层仓位存储，每个窑可同时蒸养多个构件，蒸养构件数量取决于蒸养窑的大小；

④　构件连同模台由码垛机控制进仓和出仓；

⑤　窑内设计有加湿系统，根据构件要求，可调整空气的湿度。

3）低温集中蒸养的优点

①　可大批量生产，进仓和出仓与生产线节拍同步；

②　节省能源，窑内始终保持为恒温，热能的利用率高；

③　码垛机采用自动控制，进仓和出仓方便；

④　热量损失小，只是开门时产生热损。

2. 墙板养护要求

（1）在条件允许的情况下，预制墙板推荐采用自然养护。当采用蒸汽养护时，应按照养护制度的规定，进行温控，避免预制构件出现温差裂缝。对于夹心外墙板的养护，还应考虑保温材料的热变形特点，合理控制养护温度。

（2）夹心保温外墙板采取蒸汽养护时，养护温度不宜大于 50℃，以防止保温材料变形造成对构件的破坏。

（3）预制构件脱模后可继续养护，养护可采用水养、洒水、覆盖和喷涂养护剂等一种或几种相结合的方式。

（4）水养和洒水养护的养护用水不应使用回收水，水中养护应避免预制构件与养护池水有过大的温差，洒水养护次数以能保持构件处于润湿状态为度，且不宜采用不加覆盖仅靠构件表面洒水的养护方法。

（5）当不具备水养或洒水养护条件或当日平均气温低于5℃时，可采用涂刷养护剂方式；养护剂不得影响预制构件与现浇混凝土面的结合强度。

3. 常用蒸养设备及工具

构件蒸养主要完成蒸养前准备、蒸养库温度控制、蒸养库湿度控制、构件入库蒸养、构件出库等工序。

根据蒸养工序操作过程，构件蒸养过程中的主要设备为可监控蒸养库（图5-2），蒸养库温度、湿度设定都应在规范要求范围内。在运输构件过程中需要可操作模台和码垛机。码垛机带有支撑，通过操作码垛机可上升、下降模台到目标层就位。构件入库需操作取料杆将模台推进蒸养库内。

图 5-2　可监控蒸养库示意图

4. 构件脱模与起吊要求

（1）构件脱模要求

1）构件蒸养后，蒸养罩内外温差小于20℃时方可进行脱模作业。

2）构件脱模应严格按照顺序拆除模具，脱模顺序应按支模顺序相反进行，应先脱非承重模板后脱承重模板，先脱顶模再脱侧模和端模、最后脱底模。不得使用振动方式脱模。

3）构件脱模时应仔细检查确认构件与模具之间的连接部分完全拆除后方可起吊。

4）用后浇混凝土或砂浆、灌浆料连接的预制构件结合处，设计有具体要求时，应按设计要求进行粗糙面处理，设计无具体要求时，可采用化学处理、拉毛或凿毛等方法制作粗糙面。

（2）构件脱模起吊要求

构件脱模起吊时，应根据设计要求或具体生产条件确定所需的混凝土标准立方体抗压强度，并满足下列要求：

1）构件脱模起吊时，混凝土强度应满足设计要求。当设计无要求时，构件脱模时的混凝土强度不应小于15MPa。

2）外墙板、楼板等较薄预制混凝土构件起吊时，混凝土强度应不小于20MPa。

3）梁、柱等较厚预制混凝土构件起吊时，混凝土强度不应小于30MPa。

4）当构件混凝土强度达到设计强度的30%并不低于C15时，可以拆除边模；构件翻身强度不得低于设计强度的70%且不低于C20，经过复核满足翻身和吊装要求时，允许将构件翻身和起吊；当构件强度大于C15，低于70%时，应和模具平台一起翻身，不得直接起吊构件翻身。构件起吊应平稳，楼板应采用专用多点吊架进行起吊，复杂构件应采用专门的吊架进行起吊。

5）预制构件使用的吊具和吊装时吊索的夹角，涉及拆模吊装时的安全，此项内容非常重要，应严格执行。在吊装过程中，吊索水平夹角不宜小于60°且不应小于45°，尺寸较大或形状复杂的预制构件应使用分配梁或分配桁架类吊具，并应保证吊车主钩位置、吊具及预制构件重心在垂直方向重合。

6）高宽比大于 2.5 以上的大型预制构件，应边脱模边加支撑避免预制构件倾倒。

7）构件多吊点起吊时，应保证各个吊点受力均匀。

8）水平反打的墙板、挂板和管片类预制构件，宜采用翻板机翻转或直立后再行起吊。

5. 脱模后构件质量要求

（1）预制构件脱模后外观质量要求

预制构件脱模后外观质量应符合表 5-1、表 5-2 的规定。外观质量不宜有一般缺陷，不应有严重缺陷。对于已经出现的一般缺陷，应进行修补处理，并重新检查验收；对于已经出现的严重缺陷，修补方案应经设计、监理单位认可之后进行修补处理，并重新检查验收。预制构件脱模后，还应对预留孔洞、梁槽、门窗洞口、预留钢筋、预埋螺栓、灌浆套筒、预留槽等进行清理，保证通畅有效；钢筋锚固板、直螺纹连接套筒等应及时安装，安装时应注意使用专用扳手旋拧到位，外漏丝头不能超过 2 丝。构件入库前应填写预制构件质量验收表（表 5-3），并签字确认作为成品入库凭证予以存档保存。

预制构件外观质量判定方法表　　　　　　　　　　　　　　表 5-1

项目	现象	质量要求	判定方法
露筋	钢筋未被混凝土完全包裹而外露	受力主筋不应有，其他构造钢筋和箍筋允许少量	观察
蜂窝	混凝土表面石子外露	受力主筋部位和支撑点位置不应有，其他部位允许少量	观察
孔洞	混凝土中孔洞深度和长度超过保护层厚度	不应有	观察
夹渣	混凝土中夹有杂物且深度超过保护层厚度	禁止夹渣	观察
外形缺陷	内表面缺棱掉角、表面翘曲、抹面凹凸不平，外表面面砖粘结不牢、位置偏差、面砖嵌缝没有达到横平竖直、转角面砖棱角不直、面砖表面翘曲不平	内表面缺陷基本不允许，要求达到预制构件允许偏差；外表面仅允许极少量缺陷，但禁止面砖粘结不牢、位置偏差、面砖翘曲不平不得超过允许值	观察
外表缺陷	内表面麻面、起砂、掉皮、污染，外表面面砖污染、窗框保护纸破坏	允许少量污染等不影响结构使用功能和结构尺寸的缺陷	观察
连接部位缺陷	连接处混凝土缺陷及连接钢筋、连接件松动	不应有	观察
破损	影响外观	影响结构性能的破损不应有，不影响结构性能和使用功能的破损不宜有	观察
裂缝	裂缝贯穿保护层到达构件内部	影响结构性能的裂缝不应有，不影响结构性能和使用功能的裂缝不宜有	观察

预制构件外观质量（缺陷）判定方法表　　　　　　　　　　　　表 5-2

名称	现象	严重缺陷	一般缺陷
露筋	构件钢筋未被混凝土包裹而外露	纵向受力钢筋有露筋	其他钢筋有少量露筋
蜂窝	混凝土表面缺少水泥砂浆而形成石子外露	构件主要受力部位有孔洞	其他部位有少量蜂窝

续表

名称	现象	严重缺陷	一般缺陷
孔洞	混凝土中孔洞深度和长度均超过保护层厚度	构件主要受力部位有空洞	其他部位有少量空洞
夹渣	混凝土中有杂物且深度超过保护层厚度	构件主要受力部位有夹渣	其他部位有少量夹渣
疏松	混凝土局部不密实	构件主要受力部位有疏松	其他部位有少量疏松
裂缝	缝隙从混凝土表面延伸至混凝土内部	构件主要受力部位有影响结构性能或使用功能的裂缝	其他部位有少量不影响结构性能或使用功能的裂缝
连接部位缺陷	构件连接处混凝土有缺陷及连接钢筋、连接件松动	连接部位有影响结构传力性能的缺陷	连接部位有基本不影响结构传力性能的缺陷
外形缺陷	缺棱掉角、棱角不直、翘曲不平、飞边凸肋等	清水混凝土构件有影响使用功能或装饰效果的外形缺陷	其他混凝土构件有不影响使用功能的外形缺陷
外表缺陷	外表缺陷,构件麻面、掉皮、皮砂、沾污等	具有重要装饰效果的清水混凝土构件有外表缺陷	其他混凝土构件有不影响使用功能的外表缺陷

预制构件质量验收表　　　　　　　　　　　　表 5-3

工程名称								

项目		允许偏差(mm)	图纸尺寸(mm)	验收结果(是否合格)						备注
工程名称										
验收项目			验收日期							
规格型号			部位/层							
项目		允许偏差(mm)	图纸尺寸(mm)	1	2	3	4	5	6	备注
长度	墙板	0,−4								
宽度	墙板高度	0,−4								
	墙板厚度	0,−2								
对角线差	墙板、门窗口	<5								
预留孔	中心线位置	±5								
	孔尺寸	+8,0								
预留洞	中心线位置	±5								
	洞口尺寸、深度	+8,0								
门窗口	中心线位置	3								
	宽度、高度	0,−4								
预埋件	预埋螺栓中心线位置	±5								
	预埋螺栓外露长度	±5								
	预埋套筒中心位置	±3								
	螺母中心位置	±5								
	线管、电盒中心位置	±5								
预留插筋	型号									
	中心线位置	±5								
	外露长度	±5								
外露钢筋	型号									
	长度	±5								

项目		允许偏差（mm）	图纸尺寸（mm）	验收结果（是否合格）						备注
				1	2	3	4	5	6	
表面平整度	墙板内表面	2								
	墙板外表面	2								
外观质量	孔洞、麻面、污染等									

（2）预制构件外形尺寸允许偏差及检验方法应符合表 5-4 的规定。

预制构件外形尺寸允许偏差及检验方法表　　　　表 5-4

名称	项目		允许偏差（mm）	检查依据与方法
构件外形尺寸	长度	柱	±5	用钢尺测量
		梁	±10	
		楼板	±5	
		内墙板	±5	
		外叶墙板	±3	
		楼梯板	±5	
	宽度		±5	用钢尺测量
	厚度		±3	用钢尺测量
	对角线差值	柱	5	用钢尺测量
		梁	5	
		外墙板	5	
		楼梯板	10	
	表面平整度、扭曲、弯曲		5	用 2m 靠尺和塞尺检查
	构件边长翘曲	柱、梁、墙板	3	调平尺在两端量测
		楼板、楼梯	5	
主筋保护层厚度		柱、梁	+10，−5	钢尺或保护层厚度测定仪量测
		楼板、外墙板楼梯、阳台板	+5，−3	

注：当采用计数检验时，除有专门要求外，合格点率应达到 80% 及以上，且不得有严重缺陷，可评定为合格。

6. 预制构件的存放

构件存放位置不平整、刚度不够、存放不规范都有可能使预制构件在存放时受损、破坏。因此，构件在浇筑、养护出窑后，一定要选择合格的地点规范存放，确保预制构件在运输之前不受损破坏。预制构件存放前，应先对构件进行清理。

（1）构件清理

1）构件清理标准为套筒、埋件内无残余混凝土、粗糙面分明、光面上无污渍、挤塑板表面清洁等。套筒内如有残余混凝土，用钎子将其掏出；埋件内如有混凝土残留现象，应用与埋件匹配型号的丝锥进行清理，操作丝锥时需要注意不能一直向里拧，要遵循"进

223

两圈回一圈"的原则，避免丝锥折断在埋件内，造成不必要的麻烦。外漏钢筋上如有残余混凝土须进行清理。检查是否有卡片等附件漏卸现象，如有漏卸，及时拆卸后送至相应班组。

2）清理所用工具放置相应的位置，保证作业环境的整洁。

3）将清理完的构件装到摆渡车上，起吊时避免构件磕碰，保证构件质量。摆渡车由专门的转运工人进行操作，操作时应注意摆渡车轨道内严禁站人，严禁人车分离操作，人与车的距离保持在 2~3m，将构件运至堆放场地，然后指挥吊车将不同型号的构件码放到规定的堆放位置，码放时应注意构件的整齐。

（2）构件存放

构件的存放场地宜为混凝土硬化地面或经人工处理的自然地坪，满足平整度和地基承载力要求，并应有排水措施。堆放时底板与地面之间应有一定的空隙。构件应按型号、出厂日期分别存放。构件存放应符合下列要求：

1）存放过程中，预制混凝土构件与地面或刚性搁置点之间应设置柔性垫片，预埋吊环宜向上，标识向外，垫木位置宜与脱模冲刷、吊装时起吊位置一致；叠放构件的垫木应在同一直线上并上下垂直；垫木的长、宽、高均不宜小于 100mm。

2）柱、梁等细长构件存储宜平放，采用两条垫木支撑；码放高度应由构件、垫木承载力及堆垛稳定性确定，不宜超过 4 层。

图 5-3　预制墙板现场堆放示意图

3）叠合板、阳台板构件存储宜平放，叠放不宜超过 6 层；堆放时间不宜超过两个月。

4）外墙板、内墙板、楼梯宜采用托架立放，上部两点支撑，码放不宜超过 5 块，如图 5-3 所示。

7. 预制构件的运输

（1）当采用靠放架堆放或运输构件时，靠放架应具有足够的承载力和刚度，与地面倾斜角度宜大于 80°；墙板宜对称靠放且外饰面朝外，构件上部宜采用木垫块隔离；运输时构件应采取固定措施。

（2）当采用插放架直立堆放或运输构件时，宜采取直立运输方式；插放架应有足够的承载力和刚度，并应支垫稳固。

（3）采用叠层平放的方式堆放或运输构件时，应采取防止构件产生裂缝的措施。

（4）预制构件及其上的建筑附件、预埋件、预埋吊件等采取施工保护措施，不得破损或沾污。

5.1.3　任务实施

结合装配式建筑虚拟仿真实训系统，针对构件蒸养与起板入库模块，本次实施的任务为标准图集 15G365-1《预制混凝土剪力墙外墙板》中编号为 WQCA-3028-1516 的外墙板。

5-1　外墙板蒸养与起板入库视频

（1）练习或考核计划下达

计划下达分两种情况，第一种：练习模式下学生根据学习需求自定义下达计划。第二种：考核模式下教师根据教学计划及检查学生掌握情况下达计划并分配给指定学生进行训练或考核，如图 5-4、图 5-5 所示。

图 5-4　学生自主下达计划

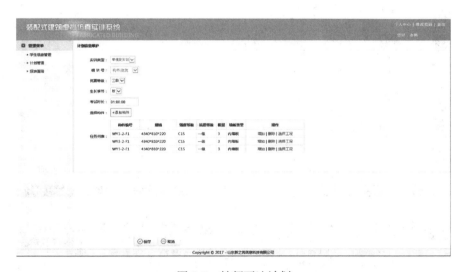

图 5-5　教师下达计划

（2）登录系统

输入用户名及密码登录系统，如图 5-6 所示。

（3）系统组成

系统分控制端软件和 3D 虚拟端软件，控制端软件为仿真构件生产厂二维组态控制界面，虚拟端为 3D 仿真工厂生产场景。虚拟场景设备动作及状态受控制端操作控制，如图 5-7、图 5-8 所示。

（4）外墙板 WQCA-3028-1516 蒸养

1）生产前检查

① 着装检查、卫生检查和温度检查，如图 5-9 所示。

图 5-6　系统登录

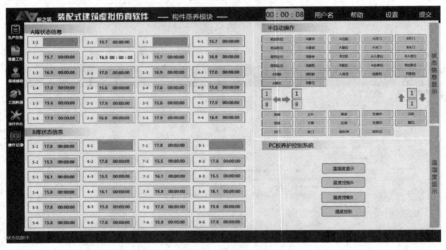

图 5-7　控制端软件

图 5-8　3D 虚拟软件

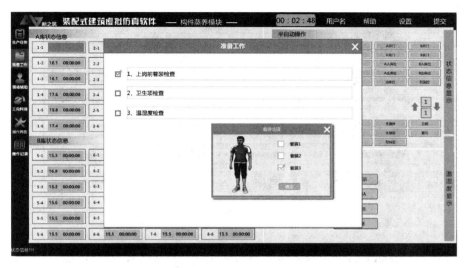

图 5-9　生产前检查

② 查看生产任务，根据任务列表，明确任务内容，如图 5-10 所示。

图 5-10　生产任务查询

③ 监控蒸养库温度、湿度，若温度或湿度不合理需要进行调整。蒸养库温度合理范围在 40～60℃，湿度在 95％以上。温度重置后，蒸养库温度通过温度模型遵循温度升降变化，在一定时间内达到设定温度，如图 5-11 所示。

④ 新任务请求，向系统发起新任务，本次操作任务为带窗口孔洞的外墙板。

2）构件入库蒸养

① 操作控制台，开启控制电源，操作模台前进，行驶到码垛机上，通过监控界面查看蒸养库空闲库位，进行入库操作，本例入库位为 2-1。控制码垛机移动到 2 列位置，并控制蒸养库将模台送入蒸养库，如图 5-12、图 5-13 所示。

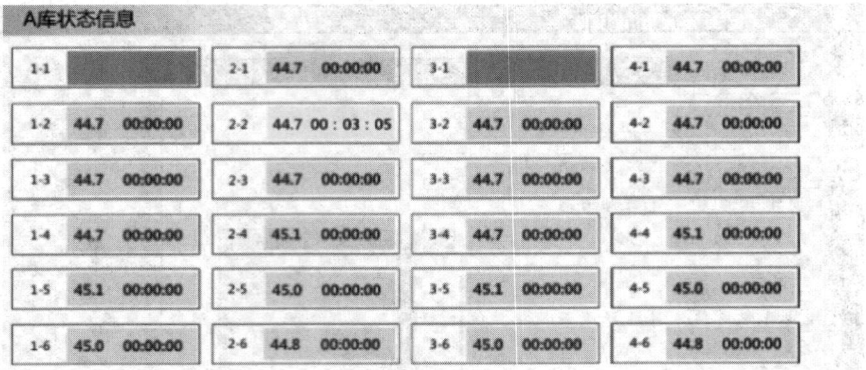

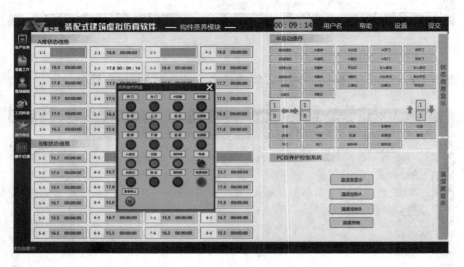

图 5-11　蒸养库温度监控示意图

图 5-12　模台入库操作台（控制端）示意图

图 5-13　模台入库（虚拟端）示意图

② 构件出库。根据蒸养库监控界面，对蒸养符合出库条件的构件进行出库操作（出库条件为构件强度达到目标强度的 75％以上）。以 2-2 库位内蒸养构件为例进行出库操作，结合码垛机将蒸养库内构件运送至码垛机，通过码垛机运送至出料口，并送至起板工序。

预制构件出库后，当混凝土表面温度和环境温差较大时，应立即覆盖薄膜养护，如图 5-14～图 5-16 所示。

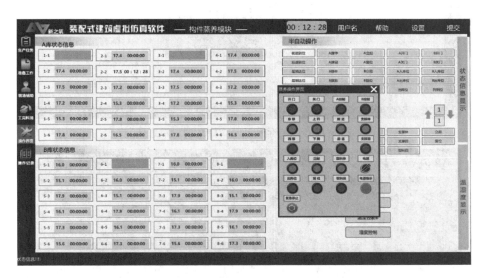

图 5-14　模台出库操作台（控制端）示意图

图 5-15　模台上升示意图

图 5-16　模台前进至码垛机示意图

（5）外墙板 WQCA-3028-1516 脱模起板入库

1）生产前准备，对着装、卫生和线缆进行检查。

2）拆模操作。拆模的顺序按照模具组装的反顺序进行拆除，一般为拆除侧模、拆除顶模、最后拆除底模，如图 5-17、图 5-18 所示。

3）水洗糙面。请求平移车移至水洗工作位，请求模台前进至水洗工作位的平移车上。水洗糙面的目的是为了冲洗构件接触面粗骨料，增加施工接触面的接触面积，如图 5-19 所示。

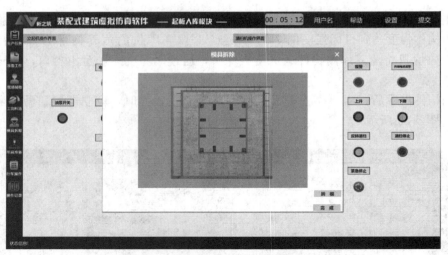

图 5-17　二维拆模界面（控制端）示意图

图 5-18　3D 拆模场景（虚拟端）示意图

图 5-19　水洗糙面场景示意图

4）起板操作。将模台移动至立起机位置，选取吊具，操作行车移动到立起机位置并钩紧构件。摆放底模，钩紧模台，配合塔机及立起机进行起板操作，如图 5-20、图 5-21 所示。

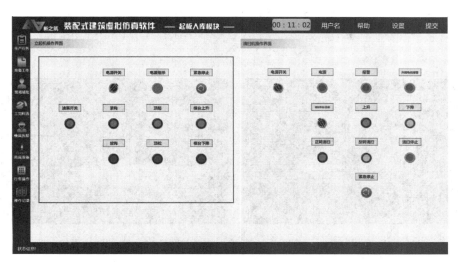

图 5-20　立起机控制界面（控制端）

图 5-21　构件起板操作（控制端）示意图

5）构件表面处理

预制构件脱模后，应及时进行表面检查，对缺陷部位进行修补。

6）构件质量检查

构件达到设计强度时，应对预制构件进行最后的质量检查，应根据构件设计图纸逐项检查，检查内容包括：构件外观与设计是否相符、预埋件情况、混凝土试块强度、表面瑕疵和现场处理情况等，逐项列表登记，确保不合格产品不出厂，质检表格不少于一式三份，随构件发货两份，存档一份。

7）构件成品入库运输

请求行车将构件运送至存放区，如图 5-22 所示。操作模台下降至水平位置，将模台下降到水平位置，通过放钩、顶松来解除模台固定，并关闭立起机。打开清扫机电源开关，对模台进行自动清扫，如图 5-23 所示。清扫模台是为了循环利用模台，为后续生产做准备；归还所有工具，进行设备的检查与维护，并关闭所有设备电源，结束任务。

图 5-22　构件运至存放区示意图　　　　图 5-23　模台自动清扫示意图

经过质检合格的构件方可作为成品，可以入库或运输发货，必要时应采取成品保护措施，如包装、护角、贴膜等措施，如图 5-24 所示。

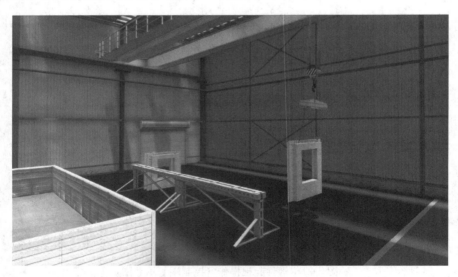

图 5-24　预制构件成品入库示意图

（6）任务提交

待任务列表内所有任务操作完毕后，即可进行系统提交（若计划尚未操作完毕，但是到达练习考核时间，系统会自动提交），如图 5-25 所示。

（7）成绩查询及考核报表导出

登录管理端，即可查询操作成绩及导出详细操作报表（总成绩、操作成绩、操作记录、评分记录等），如图 5-26、图 5-27 所示。

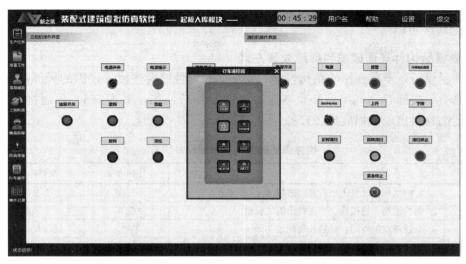

图 5-25　任务提交

图 5-26　考核成绩查询

【装配式建筑虚拟仿真软件】报表							
考号	15001		考生姓名	张三		制表日期	2017/9/11
开始时间	2017/9/11 14:21		结束时间	2017/9/11 15:20		操作模式	考核模式
成绩汇总表							
操作模块		构件浇筑					
考核总分	100		考试得分	65.5		备注	
生产结果信息							
构件序号	构件编号	构件类型	工况设置情况	工况解决情况	生产完成情况	操作时长（秒）	操作得分	质量得分	总得分
001	WQCA-3028-1516	夹心墙板	无	无	完成	3504	32.5	33	65.5

综合信息　生产计划　操作记录　评分记录

图 5-27　详细考核报表

5.1.4 拓展知识

1. 脱模后构件表面破损和裂缝处理方案

构件脱模后，不存在影响结构性能、钢筋、预埋件或者连接件锚固的局部破损和构件表面的非受力裂缝时，可用修补浆料进行表面修补后使用，见表 5-5。预制构件脱模后，构件外装饰材料出现破损应进行修补。

构件表面破损和裂缝处理方法表   表 5-5

项目		处理方案	检查依据与方法
破损	1. 影响结构性能且不能恢复的破损	废弃	目测
	2. 影响钢筋、连接件、预埋件锚固的破损	废弃	目测
	3. 上述两点以外的，破损长度超过 20mm	修补 1	目测、卡尺测量
	4. 上述前两点以外的，破损长度 20mm 以下	现场修补	
裂缝	1. 影响结构性能且不可恢复的裂缝	废弃	目测
	2. 影响钢筋、连接件、预埋件锚固的裂缝	废弃	目测
	3. 裂缝宽度大于 0.3mm 且裂缝长度超过 300mm	废弃	目测、卡尺测量
	4. 上述三点以外的，裂缝宽度超过 0.2mm	修补 2	目测、卡尺测量
	5. 上述前三点以外的，宽度不足 0.2mm 且在外表面时	修补 3	目测、卡尺测量

注：修补 1，用不低于混凝土设计强度的专用修补浆料修补；修补 2，用环氧树脂浆料修补；修补 3，用专用防水浆料修补。

2. 预制构件成品检验

（1）预制混凝土构件应根据设计要求按照下列规定进行结构性能检验：

1）预制混凝土构件和允许出现裂缝的预应力混凝土构件进行承载力、挠度和裂缝宽度检验。

2）不允许出现裂缝的预应力混凝土构件进行承载力、挠度和抗裂检验。

3）对设计成熟、生产数量较少的大型构件，当采取加强材料和制作质量检验的措施时，可仅作挠度、抗裂或裂缝宽度检验；当采取上述措施并有可靠的实践经验时，可不作结构性能检验。

4）结构性能检验应按照设计单位提供的技术参数进行。

（2）夹心外墙板采用的保温材料，内外叶墙板之间的拉结件类别、数量及使用位置应符合设计要求。

3. 预制构件的产品标识

要求预制构件有完整的标识、二维码和产品合格证的目的是为了在整个工程施工过程中，对构件的每一个环节都有追溯的可能，明确各个环节的质量责任。

（1）产品标识

构件脱模并检验合格后，应在运至堆放场地前在构件醒目位置进行标识；构件标识应包括生产单位、构件型号、生产日期及"合格"字样。未经标识或标识不准确的构件不允许运至堆场。

（2）二维码

为了将物联网融合到施工管理之中，需要在预制构件生产过程中放置芯片。芯片相当于构件的身份证，可通过扫码枪扫芯片部位或手机软件扫二维码获得构件的生产型号、规格尺寸、生产过程照片等各种信息。芯片放置工序安排在混凝土浇筑振捣后，进预养窑前。由于后期扫码枪的使用限制，一般布置在表层混凝土 1cm 厚度以内。为了方便施工检验中操作，使用软件根据芯片编码生成二维码，贴在构件表面可以使用手机安装的客户端上传资料。

（3）合格证

构件生产企业应按照有关标准规定或合同要求，对供应的产品签发产品质量证明书，明确重要技术参数，并应提供安装说明书。构件生产企业的产品合格证应包括：生产企业名称、合格证编号、构件型号、构件编号、产品数量、质量情况、生产日期、出厂日期、检验员签名或盖章。

实例 5.2　预制混凝土板构件蒸养与起板入库

5.2.1　实例分析

构件生产厂技术员赵某接到某工程预制钢筋混凝土叠合板的构件蒸养与起板入库任务，其中一块双向受力叠合板的底板选自标准图集 15G366-1《桁架钢筋混凝土叠合板（60mm 厚底板）》中编号为 DBS2-67-3012-11 的桁架叠合板。该桁架叠合板所属工程的结构及环境特点如下：

该工程为政府保障性住房，位于××西侧，××北侧，××南侧，××东侧。工程采用装配整体式混凝土剪力墙结构体系，预制构件包括：预制夹心外墙、预制内墙、预制叠合楼板、预制楼梯、预制阳台板及预制空调板。该工程地上 11 层，地下 1 层，标准层层高 2.8m，抗震设防烈度 7 度，结构抗震等级三级。外墙板按环境类别一类设计，厚度为 200mm，建筑面层为 50mm，采用混凝土强度等级为 C30。

赵某现需要结合桁架叠合板 DBS2-67-3012-11 进行该叠合板的蒸养与起板入库工作，其叠合板示意图如图 5-28 所示。

图 5-28　桁架叠合板示意图

5.2.2　相关知识

1. 混凝土板构件蒸养要求

（1）混凝土表面成型压面后先预养护 2h，通蒸汽养护，冬季应及时覆盖，养护期间注意避免触动混凝土成型面。

（2）制定养护制度：静停时间不少于 2h，升、降温速度不大于 20℃/h，蒸养最高温度不超过 70℃。

（3）保证蒸汽养护期间冷凝水不污染构件。

（4）严格按养护制度进行养护，不得擅自更改。

（5）规定测温制度：静停和升、降温阶段每1小时测1次，恒温阶段每2小时测1次，出池时应测出池温度，并要作测温记录。

（6）严禁将蒸汽管直接对着构件。

（7）试块放置在池内构件旁，对准观察口方便取出的地方，上面覆盖塑料布以防冷凝水。

图5-29　预制板混凝土蒸汽养护曲线

2. 预制板混凝土蒸汽养护曲线

预制板混凝土蒸汽养护曲线（图5-29）：在模板表面温度达到40℃（根据室外环境温度不同，起始设置温度不同）之前，混凝土不得浇筑，以防蒸养前后温差大，薄板混凝土易开裂；在混凝土浇筑完毕之前，气温控制由板线模板热胀冷缩传感器，再通过温控器控制蒸汽的打开与关闭；在混凝土浇筑完毕之后，其温度控制直接由板线模板上的温度感应器触发温控器来控制蒸汽的打开与关闭。在预制板强度达到起模强度（设计强度75％以上）后，停止供汽。让薄板缓慢降温，避免薄板因温度突变而产生裂缝。

3. 构件脱模要求

（1）构件脱模应严格按照顺序拆除模具，不得使用振动方式拆模。

（2）构件脱模时应仔细检查确认预制构件与模具之间的连接部分，完全拆除后方可起吊。

（3）构件脱模起吊时，混凝土预制构件的混凝土立方体抗压强度应满足设计要求，且不应小于15MPa。

（4）预制构件起吊应平稳，楼板应采用专用多点吊架进行起吊，复杂预制构件应采用专门的吊架进行起吊。

（5）非预应力叠合楼板可以利用桁架钢筋起吊，吊点的位置应根据计算确定。复杂预制构件需要设置临时固定工具，吊点和吊具应进行专门设计。

4. 预制构件脱模检查

预制构件脱模之后外观质量不应有严重缺陷，且不宜有一般缺陷。对于已出现的一般缺陷，应按技术方案进行处理，并重新检验。外观质量缺陷可按照表5-1～表5-5进行判断。

5.2.3　任务实施

结合装配式建筑虚拟仿真实训系统，针对构件蒸养与起板入库模块，本次实施的任务为标准图集15G366-1《桁架钢筋混凝土叠合板（60mm厚底板）》中编号为DBS2-67-3012-11的桁架叠合板。

5-2　叠合板蒸养与起板入库视频

1. 练习或考核计划下达

计划下达分两种情况，第一种：练习模式下学生根据学习需求自定义下达计划。第二种：考核模式下教师根据教学计划及检查学生掌握情况下达计划并分配给指定学生进行训练或考核，如图5-30、图5-31所示。

图 5-30　学生自主下达计划

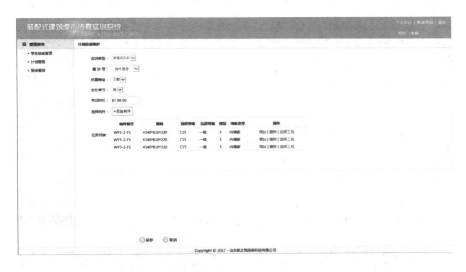

图 5-31　教师下达计划

2. 登录系统

输入用户名及密码登录系统，如图 5-32 所示。

3. 系统组成

系统分控制端软件和 3D 虚拟端软件，控制端软件为仿真构件生产厂二维组态控制界面，虚拟端为 3D 仿真工厂生产场景。虚拟场景设备动作及状态受控制端操作控制，如图 5-33、图 5-34 所示。

4. 预制混凝土楼板构件蒸养

（1）产前准备

1）着装检查、卫生检查和温度检查。

图 5-32　系统登录

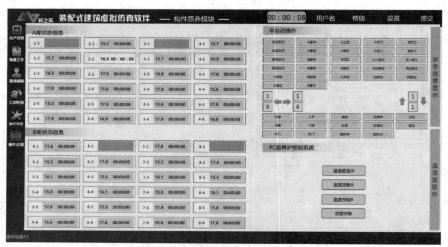

图 5-33　控制端软件

图 5-34　3D 虚拟软件

系统分控制端软件和 3D 虚拟端软件，控制端软件为仿真构件生产厂二维组态控制界面，虚拟端为 3D 仿真工厂生产场景。虚拟场景设备动作及状态受控制端操作控制，如图 5-35、图 5-36 所示。

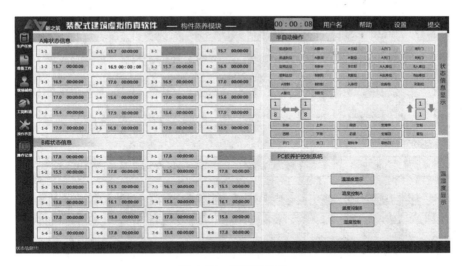

图 5-35　控制端软件

图 5-36　3D 虚拟软件

2）监控蒸养库温度、湿度，若温度或湿度不合理需要进行调整。蒸养库温度合理范围在 40～60℃，湿度在 95％以上。温度重置后，蒸养库温度通过温度模型遵循温度升降变化，在一定时间内达到设定温度，如图 5-37 所示。

（2）构件入库蒸养

操作控制台，开启控制电源，操作模台前进，行驶到码垛机上，通过监控界面查看蒸养库空闲库位，进行入库操作，本次入库位为 4-1。控制码垛机移动到 2 列位置，并控制系统将模台送入蒸养库，如图 5-38、图 5-39 所示。

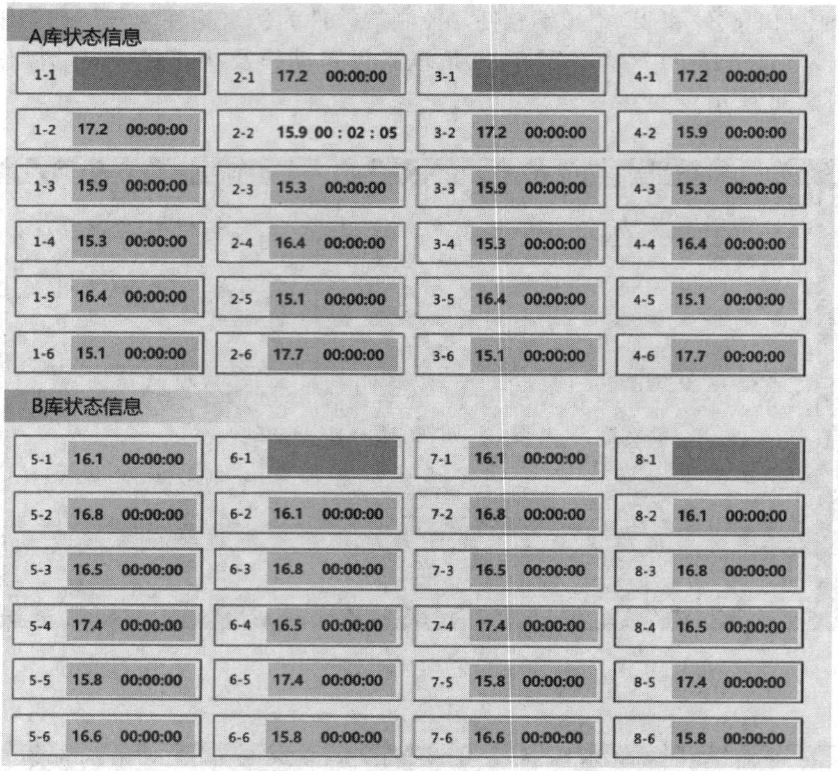

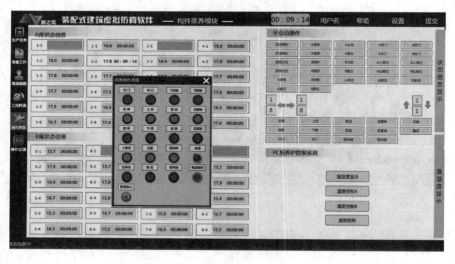

图 5-37　蒸养库温湿度

图 5-38　模台入库操作台（控制端）示意图

（3）构件出库

根据蒸养库监控界面，对蒸养符合出库条件的构件进行出库操作（出库条件为构件强度达到目标强度的 75％以上）。以 7-2 库位内蒸养构件为例进行出库操作，结合码垛机将蒸养库内构件运送至码垛机，通过码垛机运送至出料口，并送至起板工序。

图 5-39　模台入库（虚拟端）示意图

预制构件出库后，当混凝土表面温度和环境温差较大时，应立即覆盖薄膜养护，如图 5-40、图 5-41 所示。

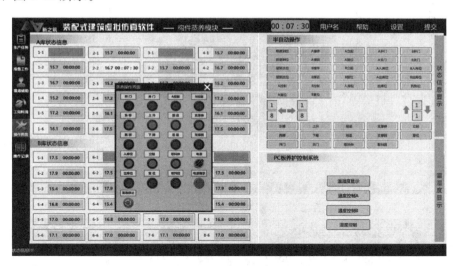

图 5-40　模台出库操作台控制（控制端）示意图

5. 预制混凝土楼板构件起板入库

（1）产前准备

对着装、卫生和线缆进行检查。

（2）拆模操作

拆模的顺序按照模具组装的反顺序进行拆除，一般为先拆除侧模、后拆除顶模、最后拆除底模。如图 5-42、图 5-43 所示。

（3）水洗糙面

请求平移车西移至水洗工作位，请求模台前进至水洗工作位的平移车上，为了冲洗构件接触面粗骨料，增加施工接触面的接触面积，从而进行水洗糙面，如图 5-44 所示。

241

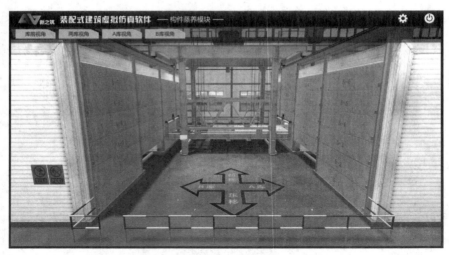

图 5-41　模台出库（虚拟端）示意图

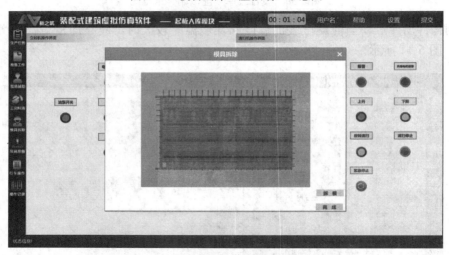

图 5-42　二维拆模界面（控制端）示意图

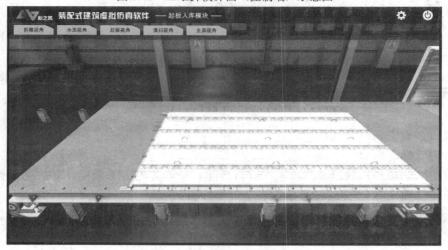

图 5-43　3D拆模场景（虚拟端）示意图

图 5-44　水洗糙面场景（虚拟端）示意图

（4）起板操作

将模台移动至立起机位置，选取吊具，操作行车移动到立起机位置并勾紧构件。配合塔机及立起机进行起板操作。叠合板为水平起板，如图 5-45、图 5-46 所示。

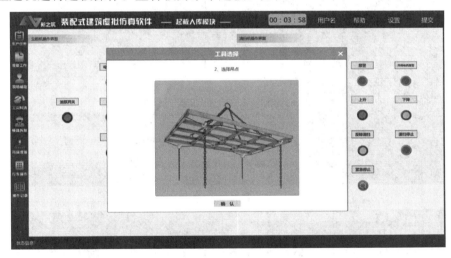

图 5-45　吊具选择

请求行车将构件运送至存放区。打开清扫机电源开关，对模台进行自动清扫。清扫模台是为了循环利用模台，为后续生产做准备。归还所有工具，进行设备的检查与维护，并关闭所有设备电源，结束任务，如图 5-47、图 5-48 所示。

（5）对预制混凝土楼板构件进行成品结构性能检验。

（6）对预制混凝土楼板构件进行产品标识。标识生产单位、构件型号、生产日期及"合格"字样。

（7）出具预制混凝土楼板构件合格证，按照有关标准规定或合同要求，提供构件生产企业的产品合格证，包括：生产企业名称、合格证编号、构件型号、构件编号、产品数量、质量情况、生产日期、出厂日期、检验员签名或盖章。

图 5-46　预制构件起板操作

图 5-47　构件运送至存放区

图 5-48　模台清扫

（8）叠合板、阳台板构件存储宜平放，叠放不宜超过 6 层；堆放时间不宜超过两个月，如图 5-49 所示。

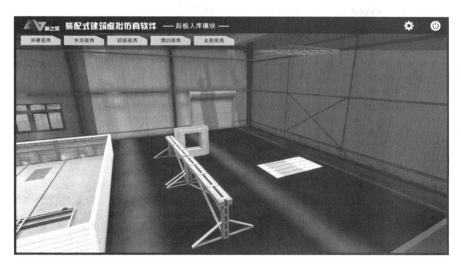

图 5-49　叠合板入库存放

6. 任务提交

待任务列表内所有任务操作完毕后，即可进行系统提交（若计划尚未操作完毕，但是到达练习考核时间，系统会自动提交），如图 5-50 所示。

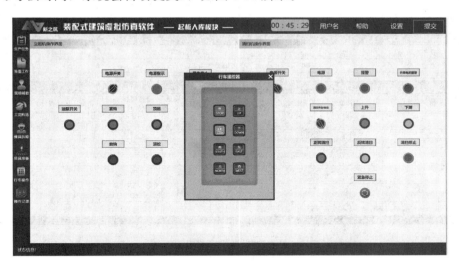

图 5-50　任务提交

7. 成绩查询及考核报表导出

登录管理端，即可查询操作成绩及导出详细操作报表（总成绩、操作成绩、操作记录、评分记录等），如图 5-51、图 5-52 所示。

5.2.4　拓展知识

桁架钢筋混凝土叠合板底板的制作、堆放、运输、安装除应符合《混凝土结构工程施工规范》GB 50666—2011 及《装配式混凝土结构技术规程》JGJ 1—2014 的规定外，在构件制作、蒸养、起板入库等各关键环节，参照标准图集 15G366-1《桁架钢筋混凝土叠合板（60mm 厚底板）》做法时，还应满足以下要求：

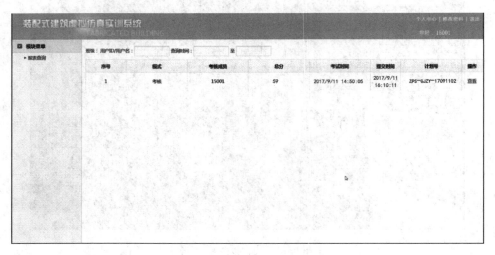

图 5-51　考核成绩查询

【装配式建筑虚拟仿真软件】报表						
考号	15001		考生姓名	张三	制表日期	2017/9/11
开始时间	2017/9/11 14:50		结束时间	2017/9/11 16:10	操作模式	考核模式
成绩汇总表						
操作模块		构件浇筑				
考核总分	100		考试得分	59	备注	
生产结果信息						
构件序号	构件编号	构件类型	工况设置情况	工况解决情况	生产完成情况	操作时长（秒）	操作得分	质量得分	总得分
001	DBS2-67-3012-11	叠合楼板	无	无	完成	3682	30	29	59

综合信息　生产计划　操作记录　评分记录

图 5-52　详细考核报表

1. 材料

（1）底板混凝土强度等级为 C30。

（2）底板钢筋及钢筋桁架的上弦、下弦钢筋采用 HRB400 钢筋，钢筋桁架腹杆钢筋采用 HPB300 钢筋。

（3）图集中的 HRB400 钢筋可用同直径的 CRB550 或 CRB600H 钢筋代替。

2. 钢筋混凝土保护层

底板最外层钢筋混凝土保护层厚度为 15mm。

3. 施工要求

（1）同条件养护的混凝土立方体抗压强度达到 22.5MPa 后，方可脱模、吊装、运输及堆放。

（2）底板吊装时应慢起慢落，并避免与其他物体相撞。应保证起重设备的吊钩位置、吊具及构件重心在垂直方向上重合，吊索与构件水平夹角不宜小于 60°，不应小于 45°。当吊点数量为 6 时，应采用专业吊具，吊具应具有足够的承载能力和刚度。吊装时，吊钩应同时勾住钢筋桁架的上弦钢筋和腹筋。

（3）堆放场地应平整夯实，并设有排水设施，堆放时底板与地面之间应有一定的空隙。垫木放置在桁架侧边，板两端（至板端 200mm）及跨中位置均应设置垫木且间距不大于 1.6m。垫木应上下对齐。不同板号应分别堆放，堆放高度不宜大于 6 层。堆放时间不宜超过两个月。垫木的摆放如图 5-53 所示。垫木的长、宽、高均不宜小于 100mm。

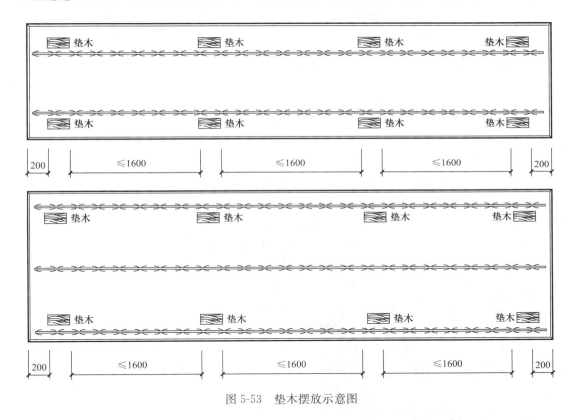

图 5-53 垫木摆放示意图

（4）运输时底板的堆放要求同第 3 条，但应在支点处绑扎牢固，防止构件移动或跳动。在底板的边部或与绳索接触的混凝土，应采用衬垫加以保护。

（5）底板混凝土的强度达到设计强度等级值后，方可进行施工安装。底板就位前应在跨内及距离支座 500mm 处设置由竖撑和横梁组成的临时支撑。当轴跨 $L<4.8$m 时跨内设置一道支撑；当轴跨 4.8m$\leqslant L\leqslant6.0$m 时跨内设置两道支撑。支撑顶面应可靠抄平，以保证底板底面平整。多层建筑中各层竖撑宜设置在一条竖直线上。临时支撑拆除应符合现行国家相关标准的规定，一般应保持持续两层有支撑。

4. 质量验收

（1）底板的生产及验收应符合国家标准《混凝土结构工程施工规范》GB 50666—2011、《装配式混凝土结构技术规程》JGJ 1—2014 及《混凝土结构工程施工质量验收规范》GB 50204—2015 的有关规定。

（2）底板平面几何尺寸允许偏差不得大于表 5-6、表 5-7 的要求。

双向板底板尺寸偏差允许值（mm） 表 5-6

检查项目	长	宽	厚	侧向弯曲	表面平整度	主筋保护层	对角线	翘曲	外露钢筋中心位置	外露钢筋长度
允许偏差	±5	±5	+5	$l/750$ 且≤20	5	+5 −3	10	$l/750$	3	±5

单向板底板尺寸偏差允许值（mm） 表 5-7

检查项目	长	宽	厚	侧向弯曲	表面平整度	主筋保护层	对角线	翘曲
允许偏差	±5	−5 0	+5	$l/750$ 且≤20	5	+5 −3	10	$l/750$

实例 5.3 预制混凝土楼梯构件蒸养与起板入库

5.3.1 实例分析

构件生产厂技术员赵某接到某工程预制钢筋混凝土板式楼梯的构件蒸养与起板入库任务，该任务选用了国家建筑标准设计图集 15G367-1《预制钢筋混凝土板式楼梯》中编号为 ST-28-24 的楼梯板。该楼梯板所属工程的结构及环境特点如下：

该工程为政府保障性住房，位于××西侧，××北侧，××南侧，××东侧。工程采用装配整体式混凝土剪力墙结构体系，预制构件包括：预制夹心外墙、预制内墙、预制叠合楼板、预制楼梯、预制阳台板及预制空调板。该工程地上 11 层，地下 1 层，标准层层高 2.8m，抗震设防烈度 7 度，结构抗震等级三级。外墙板按环境类别一类设计，厚度为 200mm，建筑面层为 50mm，采用混凝土强度等级为 C30，坍落度要求 35～50mm。

赵某现需要结合任务 4 中所浇筑的楼梯板 ST-28-24 进行该楼梯板的蒸养与起板入库工作，其楼梯板示意图如图 5-54 所示。

图 5-54 预制钢筋混凝土板式楼梯示意图

5.3.2 相关知识

1. 预制楼梯养护拆模

（1）养护方式、养护时间

楼梯养护可采用蒸汽养护、覆膜保湿养护、自然养护等方法。对采用硅酸盐水泥、普通硅酸盐水泥或矿渣硅酸盐水泥拌制的混凝土，不得少于 7d；对掺用缓凝型外加剂或有抗渗要求的混凝土，不得少于 14d。冬季采取加盖养护罩蒸汽养护的方式，养护罩内外温差小于 20℃ 时，方可拆除养护罩进行自然养护，自然养护要保持楼梯表面湿润。楼梯表面覆盖毛毡保湿示意图如图 5-55 所示，其他要求参考墙板和楼板的相关规定。

图 5-55 覆盖保湿养护示意图

（2）楼梯蒸养方案

1）升温阶段

楼梯浇筑混凝土时，在混凝土初凝后（一般 10 个小时），开始通入少量蒸汽，一是保温防冻，二是让楼梯模具里的温度慢慢升高，控制最高升温每小时不要超过 10℃，持续时间一般为 8 个小时，温度最高升到 45℃。

2）恒温阶段

模内温度到 45℃ 后进入高温蒸养阶段，在升温过程末期要进行一次洒温水养护，高温蒸养阶段必须保证混凝土表面湿润，持续时间为 10 小时，在高温蒸养末期再洒一次水，然后进入降温阶段。

3）降温阶段

降温阶段自然降温即可，控制降温每小时不要超过 10℃，持续时间一般为 12 个小时，此过程也要保证混凝土表面湿润，注意多次洒温水养护，降温完成后（模内温度与外界温差不大于 15℃）测试强度，达到拆模强度（设计强度的 75％）后即可组织拆模。

4）一跑楼梯蒸养完成，然后进入下一循环。

（3）预制楼梯脱模要求

1）预制楼梯脱模应严格按照顺序拆除模具，不得使用振动方式拆模。

2）将固定埋件及控制尺寸的螺杆、螺栓全部去除方可进行拆模、起吊，构件起吊应平稳。

3）预制楼梯脱模起吊时，混凝土抗压强度应满足达到混凝土设计强度的 75％ 以上。

4）预制楼梯外观质量不宜有一般缺陷，不应有严重缺陷。对于已经出现的一般缺陷，应进行修补处理，并重新检查验收；对于已经出现的严重缺陷，修补方案应经设计、监理单位认可之后进行修补处理，并重新检查验收。吊装过程中应注意成品保护，轻吊轻放。其他要求参考墙板和楼板的相关规定。

2. 预制楼梯成品检测

（1）检测要求

1）检查数量：全数检查。

2）检验方法：检查同条件养护试块强度。

（2）成品检测内容

1）成品拆模后应在明显位置进行标注。构件上的预埋件、吊点、预留孔洞的规格、位置和数量应符合标准图或设计要求。

2）成品不应有影响结构性能和安装、使用功能的尺寸偏差。对于超过尺寸允许偏差且影响结构性能和安全使用功能的部位，应按技术处理方案进行处理，并重新检查验收。

图 5-56　楼梯外观质量检查示意图

3）预制构件的外观质量不应有严重缺陷，如露筋、蜂窝麻面、孔洞、夹渣、疏松、裂缝等。对已经出现的严重缺陷，应按技术处理方案进行处理，并重新检查验收，如图 5-56 所示。

4）成品外观不应有明显色差，对于色差严重的应按技术方案处理，处理后重新检查验收。

5）对于一般表观质量问题，应在楼梯成品起模后及时进行修补。

6）返修次数不得超过两次，返修两次仍不合格的则作为废品处理。

（3）检查方法及工具

1）检查方法：观察，量测，按技术处理方案检查。

2）检查工具：水准仪、钢尺、施工线、吊锤、靠尺、塞尺。

（4）成品尺寸偏差应符合表 5-8 规定。

楼梯成品尺寸偏差表　　　　　　　　　　　　　　　　表 5-8

项目		允许偏差（mm）	检验方法
梯段及平台	宽度	±5	水准仪、钢尺、施工线、吊锤
	厚度	+5，−1	
	斜长	+10，−5	钢尺检查
	板厚	+5，−1	钢尺检查
踏步	高度	±3	钢尺检查
	宽度	±3	钢尺检查
	平整度	±3	靠尺和塞尺检查
休息平台	厚度	±5	钢尺检查
	宽度	±5	钢尺检查
预埋件	中心线位置	±5	钢尺检查
	螺栓位置	±5	
表面平整度	梯段底面	±5	靠尺和塞尺检查

3. 预制楼梯成品出厂要求

（1）预制楼梯强度达到设计强度的 100％ 才能进行吊装及出厂。转运吊装运输过程中避免磕碰，并进行必要防护。严格按照规范要求进行堆放、码放。

（2）按施工单位要求挑选所需型号构件，选好的构件须开好出库交接单及合格证，并进行装车。

（3）预制构件运输到现场后，应按照型号、构件所在部位、施工吊装顺序分类存放，存放场地应在吊车工作范围内。

（4）预制构件运输前应选定运输方案，宜选择至少 1 条以上的可行路线进行运输。

5.3.3 任务实施

结合装配式建筑虚拟仿真实训系统，针对构件蒸养与起板入库模块，本次实施的任务为标准图集 15G367-1《预制钢筋混凝土板式楼梯》中编号为 ST-28-24 的楼梯板。

5-3 楼梯蒸养与起板入库视频

1. 练习或考核计划下达

计划下达分两种情况，第一种：练习模式下学生根据学习需求自定义下达计划。第二种：考核模式下教师根据教学计划及检查学生掌握情况下达计划并分配给指定学生进行训练或考核，如图 5-57、图 5-58 所示。

图 5-57 学生自主下达计划

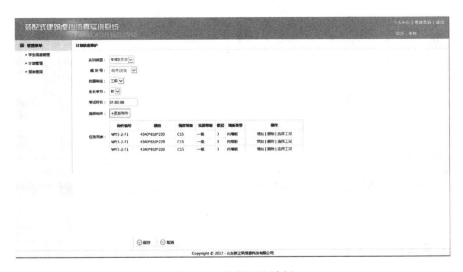

图 5-58 教师下达计划

251

2. 登录系统查询操作任务

输入用户名及密码登录系统，如图 5-59 所示。

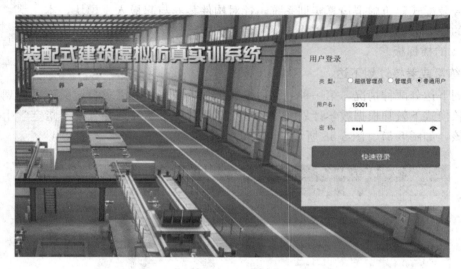

图 5-59　系统登录

3. 系统组成

系统分控制端软件和 3D 虚拟端软件，控制端软件为仿真构件生产厂二维组态控制界面，虚拟端为 3D 仿真工厂生产场景。虚拟场景设备动作及状态受控制端操作控制，如图 5-60、图 5-61 所示。

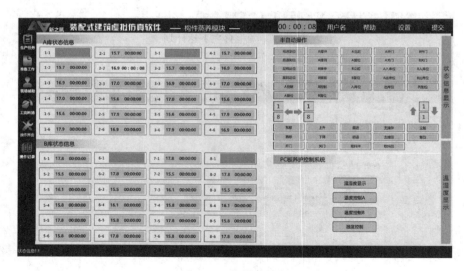

图 5-60　控制端软件

4. 生产前检查

生产前准备如下：

1）着装检查、卫生检查和温度检查，如图 5-62 所示。

图 5-61 3D 虚拟端软件

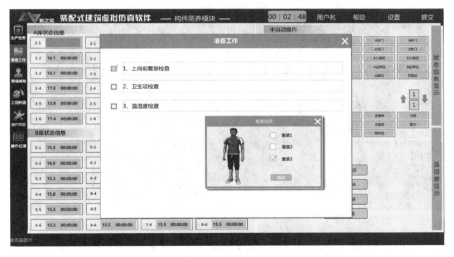

图 5-62 产前检查

2）查看生产任务

查询生产任务，根据任务列表，明确任务内容，如图 5-63 所示。

5. 预制楼梯蒸养

将构件送入立体蒸养库或原地养护。通过立体蒸养库需要外接暖气管道并设计蒸养温度及湿度进行立体蒸养，如图 5-64 所示。

6. 预制楼梯脱模

经试验检测达到拆模强度（构件强度达到目标强度的 75％以上）后，停止暖气并将模具移除蒸养库，对模具轻度振动，使模具与构件分离，通过行车配合，对模具进行开模处理，如图 5-65 所示。

图 5-63　生产任务查询

图 5-64　预制楼梯蒸养

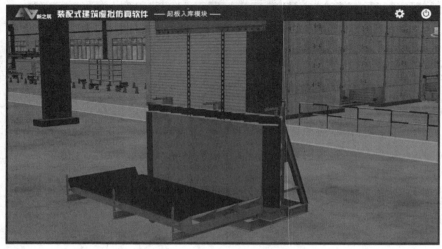

图 5-65　预制楼梯脱模

7. 构件清理

通过行车将楼梯构件运送至清洗区进行清理，如图 5-66 所示。

图 5-66　构件清理检查

8. 构件表面处理

预制构件脱模后，应及时进行表面检查，对缺陷部位进行修补。

9. 构件质量检查

构件达到设计强度时，应对预制构件进行最后的质量检查，应根据构件设计图纸逐项检查，检查内容包括：构件外观与设计是否相符、预埋件情况、混凝土试块强度、表面瑕疵和现场处理情况等，逐项列表登记，确保不合格产品不出厂，质检表格不少于一式三份，随构件发货两份，存档一份。

10. 构件入库存放

待构件处理并检验合格后，将构件运送至存放区，如图 5-67 所示。

图 5-67　构件入库存放

11. 任务提交

待任务列表内所有任务完毕后，即可进行系统提交（若计划尚未操作完毕，但是到达练习考核时间，系统会自动提交），如图 5-68 所示。

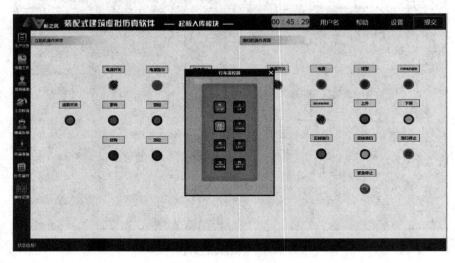

图 5-68　任务提交

12. 成绩查询及考核报表导出

登录管理端，即可查询操作成绩及导出详细操作报表（总成绩、操作成绩、操作记录、评分记录等），如图 5-69、图 5-70 所示。

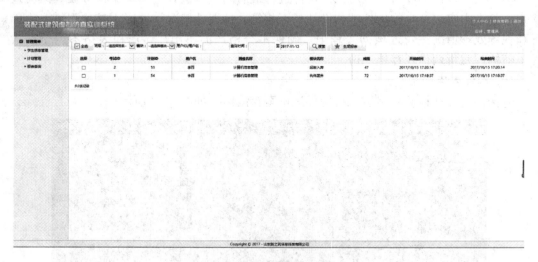

图 5-69　考核成绩查询

5.3.4　知识拓展

预制钢筋混凝土板式楼梯的制作、堆放、运输、安装除应符合《混凝土结构工程施工规范》GB 50666—2011 及《装配式混凝土结构技术规程》JGJ 1—2014 的规定外，在构件制作、蒸养、起板入库等各关键环节，参照标准图集 15G367-1《预制钢筋混凝土板式楼梯》做法时，还应满足以下要求：

【装配式建筑虚拟仿真实训系统】报表					
考号	2	考生姓名	李四	制表日期	2017/10/15
开始时间	2017/10/15 17:20	结束时间	2017/10/15 17:20	实训类型	单模块实训

成绩汇总表					
操作模块	起板入库				
考核总分	100	考试得分	47	备注	

生产结果信息									
序号	构件编号	构件用途	规格	强度等级	楼层	抗震等级	墙板类型	季节	工况设置
1	ST-28-24	单模块实训	2420*1220*1620	C30	3	三级	预制楼梯	一级	
2									
3									
4									
5									
6									
7									

综合信息　生产计划　操作记录　评分记录

图 5-70　考核报表导出

1. 混凝土和钢筋

（1）梯段板混凝土强度等级为 C30。

（2）钢筋采用 HPB300 和 HRB400。

2. 预埋件

（1）预埋件的锚板采用 Q235-B 级钢，钢材应符合《碳素结构钢》GB/T 700—2006 的规定。

（2）锚筋预埋件的锚筋应采用 HRB400 钢筋，抗拉强度设计值 f_y 取值不应大于 $300N/mm^2$，锚筋严禁采用冷加工钢筋。

（3）锚筋与锚板之间的焊接采用埋弧压力焊，采用 HJ431 型焊剂，采用 T 型角焊缝时采用 E50 型、E55 型焊条或其他性能相近的焊条。

（4）吊环应采用 HPB300 级钢筋制作，严禁采用冷加工钢筋。

（5）构件吊装采用吊环、预埋螺母或其他形式吊件等应满足国家现行有关标准的要求。

3. 钢筋保护层和裂缝宽度

（1）钢筋保护层厚度按 20mm 考虑，环境类别为一类，各地区按环境类别可进行相应调整。

（2）裂缝控制等级为三级，最大裂缝宽度限值为 0.3mm，挠度限值为 $l_0/200$。

4. 支座连接

梯段板支座处为销键连接，上端支承处为固定铰支座，下端支座处为滑动铰支座。梯段板按简支计算模型考虑，可不参与结构整体抗震计算。除销键支座的连接方式外，也可采用其他可靠的连接方式，如焊接连接等。

5. 脱模、运输及堆放

（1）同条件养护的混凝土立方体试件抗压强度达到设计混凝土强度等级值的 75% 时，

方可脱模；预制构件吊装时，混凝土强度实测值不应低于设计要求。

（2）预制楼梯段板在运输、存放、安装施工过程中及装配后应做好成品保护，成品保护可采取包、裹、盖、遮等有效措施。预制构件存放处 2m 范围内不应进行电焊、气焊作业。应制定合理的预制构件运输与堆放方案，运输构件时应采取措施防止构件损坏，防止构件移动、倾倒、变形等。

6. 构件吊装验算

构件吊装、运输时，动力系数取 1.5；构件翻转及安装过程中就位、临时固定时，动力系数可取 1.2。要求构件生产过程中不产生裂缝。

小结

本部分主要介绍了预制混凝土墙、板、楼梯等构件的养护方式及蒸养特点；预制混凝土墙、板、楼梯等构件的规范要求；构件生产常用设备及工具；预制混凝土构件蒸养基本操作、脱模要求；预制构件脱模后外观质量要求、拆模后构件表面破损和裂缝处理方案以及预制混凝土墙、板、楼梯等构件仿真软件任务实施方法。

习题

1. 拆模后构件表面破损和裂缝处理方案？
2. 混凝土板构件蒸养要求？
3. 预制楼梯拆模要求？
4. 预制构件水洗糙面的作用？
5. 简述预制板蒸养工序？
6. PC 构件的蒸养方式及特点？
7. 预制构件脱模后外观质量要求有哪些？
8. 预制构件的存放有哪些要求？
9. 预制构件的产品标识内容是什么？
10. 墙板的运输与堆放应符合哪些规定？

参 考 文 献

[1] 住房和城乡建设部. GB 50204—2015 混凝土结构工程施工质量验收规范 [S]. 北京：中国建筑工业出版社，2015.

[2] 住房和城乡建设部. JGJ 355—2015 钢筋套筒灌浆连接应用技术规程 [S]. 北京：中国建筑工业出版社，2015.

[3] 住房和城乡建设部. JG/T 163—2013 钢筋机械连接用套筒 [S]. 北京：中国标准出版社，2013.

[4] 住房和城乡建设部. JG/T 408—2013 钢筋连接用套筒灌浆料 [S]. 北京：中国标准出版社，2013.

[5] 国家建筑标准设计图集. 16G116—1 装配式混凝土结构预制构件选用目录（一）[M]. 北京：中国计划出版社，2016.

[6] 住房和城乡建设部. JGJ/T 258—2011 预制带肋底板混凝土叠合楼板技术规程 [S]. 北京：中国建筑工业出版社，2011.

[7] 住房和城乡建设部. JGJ 1—2014 装配式混凝土结构技术规程 [S]. 北京：中国建筑工业出版社，2014.

[8] 山东省建设发展研究院. DB37/T 5020—2014 装配整体式混凝土结构工程预制构件制作与验收规程 [S]. 北京：中国建筑工业出版社，2014.

[9] 山东省建筑科学研究院. DB37/T 5019—2014 装配整体式混凝土结构工程施工与质量验收规程 [S]. 北京：中国建筑工业出版社，2014.

[10] 中华人民共和国住房和城乡建设部住宅产业化促进中心. 装配式混凝土结构技术导则 [M]. 北京：中国建筑工业出版社，2015.

[11] 装配式混凝土结构工程施工编委会. 装配式混凝土结构工程施工 [M]. 北京：中国建筑工业出版社，2015.

[12] 山东省建筑工程管理局. 山东省建筑业施工特种作业人员管理暂行办法 [C]. 鲁建安监字 [2013] 16 号.

[13] 济南市城乡建设委员会建筑产业化领导小组办公室. 装配整体式混凝土结构工程施工 [M]. 北京：中国建筑工业出版社，2015.

[14] 济南市城乡建设委员会建筑产业化领导小组办公室. 装配整体式混凝土结构工程工人操作实务 [M]. 北京：中国建筑工业出版社，2015.

[15] 国务院办公厅. 关于大力发展装配式建筑的指导意见 [C]. 北京：国务院办公厅，2016.

[16] 中华人民共和国住房和城乡建设部. "十三五"装配式建筑行动方案 [C]. 北京：住房和城乡建设部. 2017.

[17] 中华人民共和国住房和城乡建设部. 建筑业发展"十三五"规划 [C]. 北京：住房和城乡建设部，2017.

[18] 北京市住房和城乡建设委员会. DB11/T 1030—2013 装配式混凝土结构工程施工与质量验收规程 [S]. 北京市住房和城乡建设委员会，2013.

[19] 国家建筑标准设计图集. G310-1～2 装配式混凝土结构连接节点构造 [M]. 北京：中国计划出版社，2015.

[20] 国家建筑标准设计图集. 15G365-1 预制混凝土剪力墙外墙板 [M]. 北京：中国计划出版社，

2015.

[21] 国家建筑标准设计图集. 15G365-2 预制混凝土剪力墙内墙板［M］. 北京：中国计划出版社，2015.

[22] 国家建筑标准设计图集. 15G366-1 桁架钢筋混凝土叠合板（60mm 厚底板）［M］. 北京：中国计划出版社，2015.

[23] 国家建筑标准设计图集. 15G367-1 预制钢筋混凝土板式楼梯［M］. 北京：中国计划出版社，2015.

[24] 国家建筑标准设计图集. 15G368-1 预制钢筋混凝土阳台板、空调板及女儿墙［M］. 北京：中国计划出版社，2015.

[25] 国家建筑标准设计图集. 15G107-1 装配式混凝土结构表示方法及示例（剪力墙结构）［M］. 北京：中国计划出版社，2015.

[26] 国家建筑标准设计图集. 15G939-1 装配式混凝土结构住宅建筑设计示例（剪力墙结构）［M］. 北京：中国计划出版社，2015.